智能系统与技术丛书

Python Machine Learning

Python机器学习

赵涓涓 强彦 主编

机械工业出版社
China Machine Press

图书在版编目（CIP）数据

Python 机器学习 / 赵涓涓，强彦主编 . —北京：机械工业出版社，2019.6
（智能系统与技术丛书）

ISBN 978-7-111-63052-4

I. P… II. ①赵… ②强… III. 软件工具 – 程序设计 IV. TP311.561

中国版本图书馆 CIP 数据核字（2019）第 127574 号

本书以案例驱动的方式讲解机器学习算法的知识点，并以 Python 语言作为基础开发语言实现算法，包括目前机器学习主流算法的原理、算法流程图、算法的详细设计步骤、算法实例、算法应用、算法的改进与优化等环节。

全书共分 17 章，前两章介绍机器学习与 Python 语言的相关基础知识，后面各章以案例的方式分别介绍线性回归算法、逻辑回归算法、K 最近邻算法、PCA 降维算法、k-means 算法、支持向量机算法、AdaBoost 算法、决策树算法、高斯混合模型算法、随机森林算法、朴素贝叶斯算法、隐马尔可夫模型算法、BP 神经网络算法、卷积神经网络算法、递归神经网络算法。

本书适合作为高等院校人工智能、大数据、计算机科学、软件工程等相关专业本科生和研究生有关课程的教材，也适用于各种计算机编程、人工智能学习认证体系，还可供广大人工智能领域技术人员参考。

Python 机器学习

出版发行：机械工业出版社（北京市西城区百万庄大街 22 号　邮政编码：100037）
责任编辑：郎亚妹　　　　　　　　　　　　责任校对：殷　虹
印　　刷：北京瑞德印刷有限公司　　　　　版　　次：2019 年 7 月第 1 版第 1 次印刷
开　　本：186mm×240mm　1/16　　　　　印　　张：15
书　　号：ISBN 978-7-111-63052-4　　　　定　　价：69.00 元

凡购本书，如有缺页、倒页、脱页，由本社发行部调换
客服热线：（010）88379426　88361066　　　投稿热线：（010）88379604
购书热线：（010）68326294　　　　　　　　读者信箱：hzit@hzbook.com

版权所有・侵权必究
封底无防伪标均为盗版
本书法律顾问：北京大成律师事务所　韩光 / 邹晓东

前　言
PREFACE

2018年12月，DeepMind设计的基于Transformer神经网络和深度学习的人工智能程序AlphaStar，在《星际争霸2》游戏中以5∶0的成绩分别战胜两位职业选手，这是继AlphaGo打败世界围棋冠军李世石以来，机器学习领域又一次震惊世界的壮举，为机器学习的发展历程又增添了一抹浓厚的色彩。

机器学习（Machine Learning，ML）是一门多领域交叉学科，涉及概率论、统计学、逼近论、凸分析、算法复杂度理论等多学科。它专门研究计算机怎样模拟或实现人类的学习行为，以获取新的知识或技能，或者重新组织已有的知识结构使之不断改善自身的性能。它是人工智能的核心，是使计算机具有智能的根本途径，其应用遍及人工智能的各个领域。

Python语言凭借语法简单、优雅、面向对象、可扩展性等优点，一经面世就受到广大开发者的追捧，这使得Python语言不仅提供了丰富的数据结构，还具有诸如NumPy、SciPy、Matplotlib等丰富的数据科学计算库，为机器学习的开发带来了极大的便利。因此，本书用Python语言来编写机器学习算法。

书中对每一种机器学习算法都按照下列几个方面进行总结和描述。第一，简要介绍算法的原理，通过通俗易懂的语言描述和示例使读者对算法有一个大致的了解；第二，给出标准的算法流程图；第三，具体介绍算法的详细设计步骤，使读者对算法的理解更为深入；第四，为了加深读者对算法的熟练程度，针对每个算法举出示例；第五，将每个算法回归到日常生活的应用中，以提高读者对算法的灵活掌握程度；第六，结合当前的最新研究成果，对经典的机器学习算法提出改进与优化建议，为读者进一步研究算法提供新思路；第七，每一章的最后都对全章的内容进行总结，帮读者梳理整章知识；第八，课后习题的设置旨在帮助读者巩固算法的学习。

全书共分17章，第1和2章介绍机器学习与Python语言的相关概念与基础知识，第3～17章分别介绍了线性回归算法、逻辑回归算法、K最近邻算法、PCA降维算法、k-means算法、支持向量机算法、AdaBoost算法、决策树算法、高斯混合模型算法、随机森林算法、朴素贝叶斯算法、隐马尔可夫模型算法、BP神经网络算法、卷积神经网络算法、递归神经网络算法。

本书由多人合作完成，其中第1～4章由太原理工大学赵涓涓编写，第5～7章由太原理工大学强彦编写，第8和9章由太原理工大学王华编写，第10和11章由太原科技大学蔡星娟编写，第12和13章由太原理工大学降爱莲编写，第14和15章由太原理工大学田玉玲编写，第16和17章由太原理工大学马建芬编写。全书由赵涓涓审阅。

  在本书撰写过程中，车征、王磐、王佳文、史国华、魏淳武、周凯、王梦南、王艳飞、吴俊霞、武仪佳、张振庆等项目组成员做了大量的资料准备、文档整理和代码调试工作，在此一并表示衷心的感谢！

  由于作者水平有限，不当之处在所难免，恳请读者及同仁赐教指正。

编　者

2019年5月

目 录

前言

第1章 机器学习基础 ·················· 1
1.1 引论 ···································· 1
1.2 何谓机器学习 ······················ 2
1.2.1 概述 ························ 2
1.2.2 引例 ························ 2
1.3 机器学习中的常用算法 ············ 4
1.3.1 按照学习方式划分 ·········· 4
1.3.2 按照算法相似性划分 ········ 7
1.4 本章小结 ···························· 14
1.5 本章习题 ···························· 14

第2章 Python 与数据科学 ··········· 15
2.1 Python 概述 ························ 15
2.2 Python 与数据科学的关系 ······· 16
2.3 Python 中常用的第三方库 ······· 16
2.3.1 NumPy ····················· 16
2.3.2 SciPy ······················· 17
2.3.3 Pandas ····················· 17
2.3.4 Matplotlib ·················· 18
2.3.5 Scikit-learn ················· 18
2.4 编译环境 ···························· 18
2.4.1 Anaconda ·················· 19
2.4.2 Jupyter Notebook ·········· 21

2.5 本章小结 ···························· 23
2.6 本章习题 ···························· 24

第3章 线性回归算法 ··················· 25
3.1 算法概述 ···························· 25
3.2 算法流程 ···························· 25
3.3 算法步骤 ···························· 26
3.4 算法实例 ···························· 30
3.5 算法应用 ···························· 32
3.6 算法的改进与优化 ················ 34
3.7 本章小结 ···························· 34
3.8 本章习题 ···························· 34

第4章 逻辑回归算法 ··················· 37
4.1 算法概述 ···························· 37
4.2 算法流程 ···························· 38
4.3 算法步骤 ···························· 38
4.4 算法实例 ···························· 40
4.5 算法应用 ···························· 45
4.6 算法的改进与优化 ················ 49
4.7 本章小结 ···························· 49
4.8 本章习题 ···························· 49

第5章 K最近邻算法 ··················· 51
5.1 算法概述 ···························· 51

5.2 算法流程 ························ 52
5.3 算法步骤 ························ 52
5.4 算法实例 ························ 53
5.5 算法应用 ························ 54
5.6 算法的改进与优化 ············ 57
5.7 本章小结 ························ 58
5.8 本章习题 ························ 58

第 6 章 PCA 降维算法 ············ 59
6.1 算法概述 ························ 59
6.2 算法流程 ························ 60
6.3 算法步骤 ························ 60
    6.3.1 内积与投影 ············ 60
    6.3.2 方差 ····················· 62
    6.3.3 协方差 ·················· 62
    6.3.4 协方差矩阵 ············ 63
    6.3.5 协方差矩阵对角化 ··· 63
6.4 算法实例 ························ 65
6.5 算法应用 ························ 67
6.6 算法的改进与优化 ············ 68
6.7 本章小结 ························ 68
6.8 本章习题 ························ 69

第 7 章 k-means 算法 ··············· 70
7.1 算法概述 ························ 70
7.2 算法流程 ························ 70
7.3 算法步骤 ························ 71
    7.3.1 距离度量 ··············· 71
    7.3.2 算法核心思想 ········· 72
    7.3.3 初始聚类中心的选择 ····· 73
    7.3.4 簇类个数 k 的调整 ····· 73
    7.3.5 算法特点 ··············· 74
7.4 算法实例 ························ 75

7.5 算法应用 ························ 77
7.6 算法的改进与优化 ············ 81
7.7 本章小结 ························ 81
7.8 本章习题 ························ 82

第 8 章 支持向量机算法 ············ 84
8.1 算法概述 ························ 84
8.2 算法流程 ························ 85
    8.2.1 线性可分支持向量机 ····· 85
    8.2.2 非线性支持向量机 ··· 85
8.3 算法步骤 ························ 85
    8.3.1 线性分类 ··············· 85
    8.3.2 函数间隔与几何间隔 ····· 87
    8.3.3 对偶方法求解 ········· 88
    8.3.4 非线性支持向量机与
          核函数 ·················· 90
8.4 算法实例 ························ 93
8.5 算法应用 ························ 95
8.6 算法的改进与优化 ············ 100
8.7 本章小结 ························ 101
8.8 本章习题 ························ 101

第 9 章 AdaBoost 算法 ············· 102
9.1 算法概述 ························ 102
9.2 算法流程 ························ 102
9.3 算法步骤 ························ 103
9.4 算法实例 ························ 105
9.5 算法应用 ························ 106
9.6 算法的改进与优化 ············ 109
9.7 本章小结 ························ 110
9.8 本章习题 ························ 110

第 10 章 决策树算法 ·············· 112
10.1 算法概述 ······················ 112

10.2	算法流程	113
10.3	算法步骤	113
	10.3.1 两个重要概念	113
	10.3.2 实现步骤	115
10.4	算法实例	115
10.5	算法应用	118
10.6	算法的改进与优化	119
10.7	本章小结	120
10.8	本章习题	120

第 11 章 高斯混合模型算法 ··· 121

11.1	算法概述	121
11.2	算法流程	121
11.3	算法步骤	122
	11.3.1 构建高斯混合模型	122
	11.3.2 EM 算法估计模型参数	123
11.4	算法实例	125
11.5	算法应用	127
11.6	算法的改进与优化	129
11.7	本章小结	130
11.8	本章习题	130

第 12 章 随机森林算法 ··· 132

12.1	算法概述	132
12.2	算法流程	133
12.3	算法步骤	134
	12.3.1 构建数据集	134
	12.3.2 基于数据集构建分类器	134
	12.3.3 投票组合得到最终结果并分析	135
12.4	算法实例	136

12.5	算法应用	140
12.6	算法的改进与优化	142
12.7	本章小结	143
12.8	本章习题	143

第 13 章 朴素贝叶斯算法 ··· 145

13.1	算法概述	145
13.2	算法流程	145
13.3	算法步骤	146
13.4	算法实例	148
13.5	算法应用	149
13.6	算法的改进与优化	151
13.7	本章小结	152
13.8	本章习题	152

第 14 章 隐马尔可夫模型算法 ··· 154

14.1	算法概述	154
14.2	算法流程	154
14.3	算法步骤	155
14.4	算法实例	156
14.5	算法应用	159
14.6	算法的改进与优化	165
14.7	本章小结	166
14.8	本章习题	166

第 15 章 BP 神经网络算法 ··· 167

15.1	算法概述	167
15.2	算法流程	167
15.3	算法步骤	168
15.4	算法实例	170
15.5	算法应用	174
15.6	算法的改进与优化	176
15.7	本章小结	177

15.8 本章习题 ·················· 177

第 16 章 卷积神经网络算法 ·········· 179
16.1 算法概述 ·················· 179
16.2 算法流程 ·················· 179
16.3 算法步骤 ·················· 180
  16.3.1 向前传播阶段 ·········· 181
  16.3.2 向后传播阶段 ·········· 183
16.4 算法实例 ·················· 184
16.5 算法应用 ·················· 188
16.6 算法的改进与优化 ············ 193
16.7 本章小结 ·················· 194
16.8 本章习题 ·················· 194

第 17 章 递归神经网络算法 ·········· 196
17.1 算法概述 ·················· 196
17.2 算法流程 ·················· 197
17.3 算法步骤 ·················· 198
17.4 算法实例 ·················· 200
17.5 算法应用 ·················· 204
17.6 算法的改进与优化 ············ 207
17.7 本章小结 ·················· 208
17.8 本章习题 ·················· 208

课后习题答案 ·················· 210

参考文献 ······················ 231

CHAPTER 1

第 1 章

机器学习基础

1.1 引论

在本书开篇之前，读者首先需要明白一个问题：机器学习有什么重要性，以至于需要学习这本书呢？

那么接下来的两张图片，希望可以帮助大家解决这个首要问题。

图 1-1 所展示的三位学者是当今机器学习界的执牛耳者。中间是 Geoffrey Hinton，加拿大多伦多大学教授，如今被聘为"Google 大脑"的负责人。右边是 Yann LeCun，纽约大学教授，如今是 Facebook 人工智能实验室的主任。而左边这位相信大家都很熟悉，是 Andrew Ng，中文名吴恩达，斯坦福大学副教授，曾于 2014 年加入百度，担任百度公司首席科学家，负责百度研究院的领导工作，尤其是 Baidu Brain 计划。

图 1-1 机器学习界的执牛耳和互联网界大鳄的联姻

这三位都是目前业界炙手可热的大牛，深受互联网界大鳄的欢迎，这足以证明他们的重要性。而他们的研究方向无一例外都是机器学习的子类学科——深度学习。

图 1-2 所描述的是 Windows Phone 上的语音助手 Cortana，它的名字来源于科幻游戏《光环》中士官长的助手。相比其他竞争对手，微软很迟才推出这个服务。Cortana 背后的核心技术是什么？为什么它能够听懂人的语音？事实上，这个技术正是机器学习。机器学

习是所有语音助手产品（包括 Apple 的 Siri 与 Google 的 Now）能够跟人交互的关键技术。

图 1-2　语音助手产品

通过以上两张图片，相信各位读者可以看出机器学习似乎是一项很重要的、有很多未知特性的技术。

1.2　何谓机器学习

1.2.1　概述

机器学习（Machine Learning，ML）是一门多领域交叉学科，涉及概率论、统计学、逼近论、凸分析、算法复杂度理论等多门学科。它专门研究计算机怎样模拟或实现人类的学习行为，以获取新的知识或技能，重新组织已有的知识结构使之不断改善自身的性能。它是人工智能的核心，是使计算机具有智能的根本途径，其应用遍及人工智能的各个领域，它主要使用归纳、综合而不是演绎。

传统上，如果想让计算机工作，我们给它一串指令，然后它遵照这个指令一步步执行下去，有因有果，非常明确。但这样的方式在机器学习中却行不通。机器学习所接受的不是我们输入的指令，而是我们输入的数据。也就是说，机器学习是一种让计算机利用数据而不是指令来执行各种工作的方法。这听起来非常不可思议，但实际上却是非常可行的。

1.2.2　引例

为了加深机器学习在读者心中的印象，我们使用"等人问题"的例子，来进一步介绍机器学习的概念。

1. 提出问题

小 Y 不是一个守时的人，最常见的表现是他经常迟到。小 A 与他相约 3 点钟在某地见面，在出门的那一刻小 A 突然想到一个问题：我现在出发合适吗？我会不会到了地点后，又要花上 30 分钟去等他？

2. 解决思路

小 A 把以往跟小 Y 相约的经历在脑海中重现一遍，统计了一下跟他约会的次数中，迟到占了多大的比例，并以此为依据来预测小 Y 这次约会迟到的可能性。如果这个值超出了小 A 心里的某个界限，那么小 A 选择等一会再出发。

假设小 A 跟小 Y 相约过 5 次，小 Y 迟到的次数是 1，那么小 Y 按时到的比例为 80%。如果小 A 心中的阈值为 70%，那么就认为这次小 Y 应该不会迟到，因此小 A 按时出门；如果小 Y 迟到过 4 次，也就是他按时到达的比例仅为 20%，由于这个值低于小 A 心中的阈值，则小 A 选择推迟出门的时间。

这个方法从其利用层面来看，又称为经验法。在经验法的思考过程中，我们事实上利用了以往所有约会的数据，因此也可以称之为依据数据所做的判断。依据数据所做的判断跟机器学习的思想根本上是一致的。

3. 建立模型

上述小 A 的思考过程只考虑"频次"这种属性，而一般的机器学习模型至少考虑两个量：一个是因变量，即希望预测的结果，在上述例子中就是小 Y 迟到与否的判断；另一个是自变量，也就是用来预测小 Y 是否迟到的量。

假设将时间作为自变量，譬如根据以往经验发现小 Y 所有迟到的日子基本都是星期五，而在非星期五情况下他基本不迟到。于是可以建立一个模型，来模拟小 Y 迟到跟日期是否是星期五的概率，如图 1-3 所示。

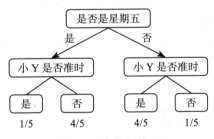

图 1-3 决策树模型

这样的图就是一个最简单的机器学习模型，我们称之为决策树。

当仅仅考虑一个自变量时，情况较为简单。但实际情况较为复杂，还需要考虑一个其他因素，例如小 Y 迟到的部分原因是他开车赶往约定地点时出现的状况（比如，开车比较慢或者路较堵）。考虑到这些信息，就需要建立一个更复杂的模型，这个模型包含两个自变量与一个因变量；而考虑更复杂的情况，小 Y 的迟到跟天气也有一定的关系，例如，下雨时路比较滑导致路途花费的时间更长,这时需要考虑三个自变量。

如果将所有的自变量和因变量输入计算机,将建模过程交给计算机,由计算机生成一个模型,同时让计算机根据小 A 当前的情况,给出小 A 是否需要晚出门以及需要晚几分钟的建议,那么计算机执行这些辅助决策的过程就是机器学习的过程。

4.建立对比

通过上述分析,可以看出机器学习与人类思考的经验过程是类似的,并且可以考虑更多的情况,执行更加复杂的计算。事实上,机器学习的一个主要目的就是把人类思考归纳经验的过程转化为计算机通过对数据的处理计算得出模型的过程。经过机器学习,计算机训练出的模型能够以近似于人的方式解决很多灵活而复杂的问题。

将机器学习的过程与人类对历史经验归纳的过程进行比对,如图 1-4 所示。

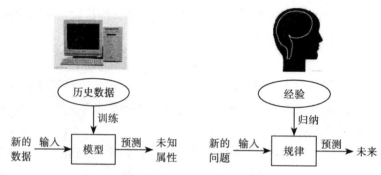

图 1-4 机器学习与人类思考的类比

机器学习中的"训练"与"预测"过程可以对应到人类的"归纳"和"预测"过程。通过这样的对应,我们可以发现,机器学习的思想并不复杂,仅仅是对人类在生活中学习成长的一个模拟。由于机器学习不是基于编程形成的结果,因此它的处理过程不是因果的逻辑,而是通过归纳思想得出的相关性结论。

1.3 机器学习中的常用算法

机器学习有许多算法,这里,我们分别按照两个标准对常用的机器学习算法进行划分:第一个标准是算法的学习方式,第二个标准是算法的相似性。

1.3.1 按照学习方式划分

根据数据类型的不同,对一个问题的建模有多种不同的方式。在机器学习领域,通常将算法按照学习方式进行分类,这样可以在建模和算法选择的时候根据输入数据的类型来选择最合适的算法以获得最好的结果。按学习方式可分为监督学习、无监督学习、半监督学习和强化学习。

1. 监督学习

监督学习（Supervised Learning）示例模型如图 1-5 所示。

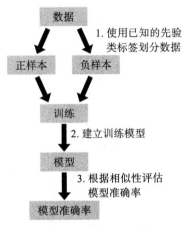

图 1-5　监督学习示例模型

在监督学习中，输入数据称为"训练数据"，每组训练数据有一个明确的标识或结果。如防垃圾邮件系统中"垃圾邮件""非垃圾邮件"，手写数字识别中的"1""2""3""4"等。在建立预测模型的时候，监督学习建立一个学习过程，将预测结果与"训练数据"的实际结果进行比较，不断地调整预测模型，直到模型的预测结果达到一个预期的准确率。监督学习的常见应用场景有分类问题和回归问题。常见算法有逻辑回归（Logistic Regression）和反向传递神经网络（Back Propagation Neural Network）。

2. 无监督学习

无监督学习（Unsupervised Learning）示例模型如图 1-6 所示。

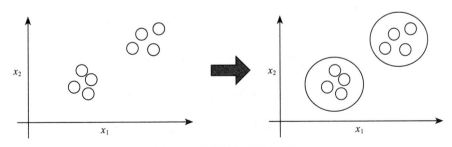

图 1-6　无监督学习示例模型

在无监督学习中，数据并没有被特别标识，学习模型是为了推断出数据的一些内在结构。常见的应用场景包括关联规则的学习以及聚类等。常见算法包括 Apriori 算法和 k-means 算法。

3. 半监督学习

半监督学习（Semi-Supervised Learning）示例模型如图 1-7 所示。

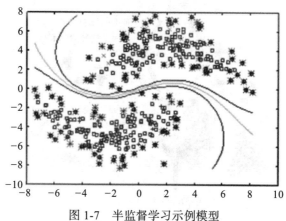

图 1-7　半监督学习示例模型

在半监督学习方式下，输入数据部分被标识，部分没有被标识，这种学习模型可以用来进行预测，但是模型首先需要学习数据的内在结构以便合理地组织数据来进行预测。应用场景包括分类和回归，算法包括一些对常用监督式学习算法的延伸，这些算法首先试图对未标识数据进行建模，在此基础上再对标识的数据进行预测，如图论推理算法（Graph Inference）或者拉普拉斯支持向量机（Laplacian SVM）等。

4. 强化学习

强化学习（Reinforcement Learning）示例模型如图 1-8 所示。

图 1-8　强化学习示例模型

在这种学习模式下，输入数据作为对模型的反馈，不像监督模型那样，输入数据仅仅是作为一个检查模型对错的方式，在强化学习下，输入数据直接反馈到模型，模型必须对此立刻做出调整。常见的应用场景包括动态系统以及机器人控制等。常见算法包括 Q-Learning 以及时间差学习（Temporal Difference Learning）。

在企业数据应用场景下最常用的是监督学习模型和无监督学习模型；在图像识别等领域，由于存在大量的非标识的数据和少量的可标识数据，故半监督学习是当前一个热门话题；而强化学习更多应用在机器人控制及其他需要进行系统控制的领域。

1.3.2 按照算法相似性划分

根据算法的功能和形式的相似性，我们可以把算法分类，比如分为基于树的算法、基于神经网络的算法等。当然，机器学习的范围非常庞大，有些算法很难明确归类到某一类。而对于有些分类来说，同一分类的算法可以针对不同类型的问题。这里，我们尽可能把常用的算法按照最容易理解的方式进行分类。

1. 回归算法

回归算法示例模型如图 1-9 所示。

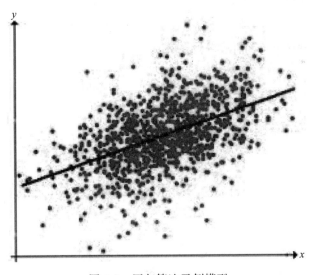

图 1-9　回归算法示例模型

回归算法是研究自变量和因变量之间关系的一种预测模型技术。该算法的应用场景包括预测、构建时间序列模型及寻找变量之间关系等，例如可以通过回归算法去研究超速与交通事故发生次数的关系。回归算法是统计机器学习的利器，常见的回归算法包括：最小二乘法（Ordinary Least Square）、逻辑回归（Logistic Regression）、逐步式回归（Stepwise Regression）、多元自适应回归样条（Multivariate Adaptive Regression Splines）以及本地散点平滑估计（Locally Estimated Scatterplot Smoothing）。

2. 基于实例的算法

基于实例的算法示例模型如图 1-10 所示。

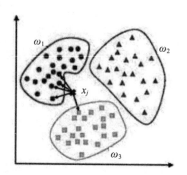

图 1-10　基于实例的算法示例模型

基于实例的算法通常用来对决策问题建立模型，这样的模型常常先选取一批样本数据，然后根据某些相似性把新数据与样本数据进行比较。通过这种方式来寻找最佳匹配。因此，基于实例的算法常常也称为"赢家通吃"学习或者"基于记忆的学习"。常见的算法包括 KNN（K-Nearest Neighbor）、学习矢量量化（Learning Vector Quantization，LVQ），以及自组织映射（Self-Organizing Map，SOM）算法。

3. 正则化方法

正则化方法的示例模型如图 1-11 所示。

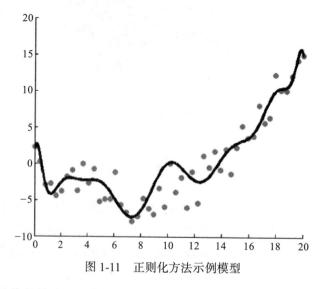

图 1-11　正则化方法示例模型

正则化方法是其他算法（通常是回归算法）的延伸，根据算法的复杂度对算法进行调整。正则化方法通常对简单模型予以奖励而对复杂算法予以惩罚。常见的算法包括：岭回归（Ridge Regression）、套索方法（Least Absolute Shrinkage and Selection Operator，LASSO），以及弹性网络（Elastic Net）。

4. 决策树学习

决策树学习示例模型如图 1-12 所示（这里为了方便对照，重复图 1-3）。

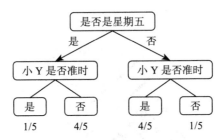

图 1-12　决策树学习示例模型

决策树算法根据数据的属性采用树状结构建立决策模型，决策树模型常常用来解决分类和回归问题。常见的算法包括：分类及回归树（Classification And Regression Tree，CART）、ID3（Iterative Dichotomiser 3）、C4.5、卡方自动交互检测（Chi-squared Automatic Interaction Detection，CHAID）、单层决策树（Decision Stump）、随机森林（Random Forest）、多元自适应回归样条（MARS）以及梯度推进机（Gradient Boosting Machine，GBM）。

5. 贝叶斯方法

贝叶斯方法示例模型如图 1-13 所示。

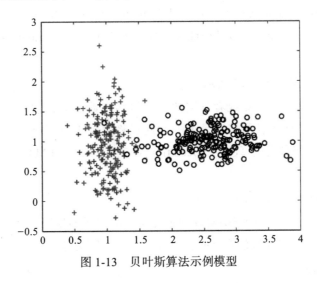

图 1-13　贝叶斯算法示例模型

基于贝叶斯定理的一类算法统称为贝叶斯方法，该类算法是为了解决不定性和不完整性问题提出的,对于解决复杂设备不确定性和关联性引起的故障有很大的优势,在多个领域中获得广泛应用,主要用来解决分类和回归问题。常见算法包括:朴素贝叶斯算法、平均单依赖估计(Averaged One-Dependence Estimators,AODE),以及贝叶斯信念网络(Bayesian Belief Network,BBN)。

6. 基于核的算法

支持向量机示例模型如图 1-14 所示。

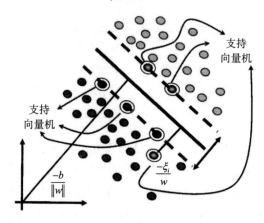

图 1-14 支持向量机示例模型

基于核的算法中最著名的莫过于支持向量机(SVM)。基于核的算法是将输入数据映射到一个高阶的向量空间,在高阶向量空间里,有些分类或者回归问题能够更容易地解决。常见的基于核的算法包括:支持向量机(Support Vector Machine,SVM)、径向基函数(Radial Basis Function,RBF),以及线性判别分析(Linear Discriminate Analysis,LDA)等。

7. 聚类算法

聚类算法示例模型如图 1-15 所示。

聚类算法通常按照中心点或者分层的方式对输入数据进行归并,所以聚类算法都试图找到数据的内在结构,以便按照最大的共同点将数据进行归类。常见的聚类算法包括 k-means 算法以及期望最大化算法(Expectation Maximization,EM)。

8. 关联规则学习

关联规则学习示例模型如图 1-16 所示。

关联规则学习通过寻找最能够解释数据变量之间关系的规则,来找出大量多元数据集中有用的相关性规则。常见算法有 Apriori 算法和 Eclat 算法等。

9. 人工神经网络

人工神经网络示例模型如图 1-17 所示。

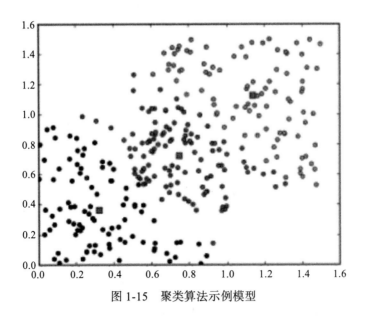

图 1-15 聚类算法示例模型

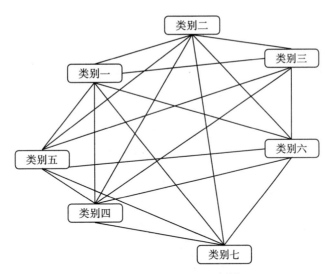

图 1-16 关联规则学习示例模型

人工神经网络算法模拟生物神经网络，是一类模式匹配算法，通常用于解决分类和回归问题。人工神经网络是机器学习的一个庞大的分支，有几百种不同的算法（深度学习就是其中的一类算法，我们稍后会单独讨论）。重要的人工神经网络算法包括：感知器神经网络（Perceptron Neural Network）、反向传递（Back Propagation）、Hopfield 网络、自组织映射（Self-Organizing Map，SOM），以及学习矢量量化（Learning Vector Quantization，LVQ）。

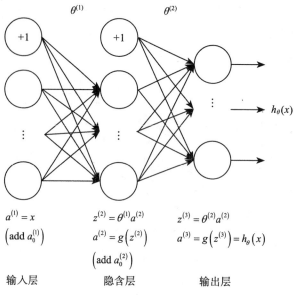

图 1-17　人工神经网络示例模型

10. 降维算法

降维算法示例模型如图 1-18 所示。

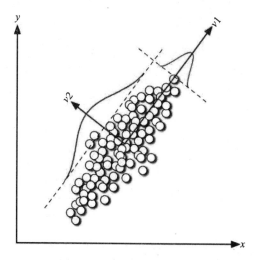

图 1-18　降维算法示例模型

与聚类算法相同，降维算法试图分析数据的内在结构，不过降维算法是以无监督学习的方式试图利用较少的信息来归纳或者解释数据。这类算法可以用于高维数据的可视化或者简化数据以便监督学习使用。常见的算法包括：主成分分析（Principle Component Analysis，PCA）、偏最小二乘回归（Partial Least Square Regression，PLS）、Sammon 映射、多维尺度（Multi-Dimensional Scaling，MDS）、投影追踪（Projection Pursuit）等。

11. 深度学习
深度学习示例模型如图 1-19 所示。

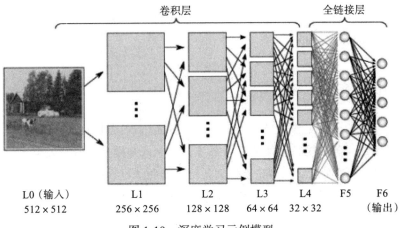

图 1-19　深度学习示例模型

深度学习算法是对人工神经网络的发展。在近期赢得了很多关注，特别是百度也开始布局深度学习以后，更是在国内引起了很多关注。在计算能力变得日益廉价的今天，深度学习试图建立大得多也复杂得多的神经网络。很多深度学习的算法是半监督学习算法，用来处理存在少量未标识数据的大数据集。常见的深度学习算法包括：受限波耳兹曼机（Restricted Boltzmann Machine，RBN）、深度置信网络（Deep Belief Networks，DBN）、卷积网络（Convolutional Network）、堆栈式自动编码器（Stacked Auto-encoders）。

12. 集成算法
集成算法示例模型如图 1-20 所示。

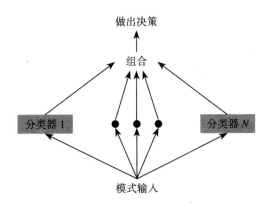

图 1-20　集成算法示例模型

集成算法用一些相对较弱的学习模型独立地就同样的样本进行训练,然后把结果整合起来进行整体预测。集成算法的主要难点在于究竟集成哪些独立的较弱的学习模型以及如何把学习结果整合起来。这是一类非常强大的算法,同时也非常流行。

常见的算法包括:Boosting、Bagging(Bootstrapped Aggregation)、AdaBoost、堆叠泛化(Stacked Generalization,Blending)、梯度推进机(Gradient Boosting Machine,GBM)和随机森林(Random Forest)。

1.4 本章小结

机器学习领域的研究工作主要围绕以下三个方面进行:(1)面向任务的研究,研究和分析改进一组预定任务的执行性能的学习系统;(2)认知模型,研究人类学习过程并进行计算机模拟;(3)理论分析,从理论上探索各种可能的学习方法和独立于应用领域的算法。

机器学习是继专家系统之后人工智能应用的又一重要研究领域,也是人工智能和神经计算的核心研究课题之一。机器学习的宗旨就是让机器学会"人认知事物的方法",希望机器拥有人学习的能力,机器可以从无到有地学习事物的表象与本质。因此,对机器学习的讨论和机器学习研究的进展,必将促进人工智能和整个科学技术的进一步发展。

1.5 本章习题

1. 选择题

(1)以下哪些方法不可以直接对文本分类?(　　)

　　A. k-means　　　　B. 决策树　　　　C. 支持向量机　　　　D. KNN

(2)下列哪一类算法不是从算法相似性角度划分的?(　　)

　　A. 回归算法　　　　B. 半监督学习　　　　C. 决策树学习　　　　D. 聚类算法

2. 填空题

(1)机器学习中,按学习方式可将算法分为_____、_____、_____。

(2)机器学习是一门_____学科,涉及_____、统计学、逼近论、凸分析、_____等多门学科。

3. 判断题

当训练数据较少时更容易发生过拟合。(　　)

CHAPTER 2

第 2 章

Python 与数据科学

2.1 Python 概述

2017 年 12 月 5 日，第四届世界互联网大会在浙江省乌镇圆满闭幕。大会吸引了各界的目光，而人工智能几乎成为整个大会的焦点，各行各业的"大佬"都在谈论着 AI 的未来。不难发现，人工智能将是未来发展的趋势，作为人工智能的首选语言，Python 也随之火了起来。根据 IEEE Spectrum 发布的研究报告，在 2016 年排名第三的 Python，在 2017 年已经成为世界上最受欢迎的语言，C 和 Java 分别位居第二和第三位，而在 2018 年 Python 依旧保持其强劲的热度位居榜首。IEEE Spectrum 依据记者 Nick Diakopoulos 提供的数据，结合 10 个线上数据源的 12 个标准，对 48 种语言进行了排行，如图 2-1 所示。

排名	编程语言
1	Python
2	C++
3	C
4	Java
5	C#
6	PHP
7	R
8	JavaScript
9	Go
10	汇编

图 2-1　IEEE Spectrum 2018 年编程语言 Top 10 排行

Python 是一款面向对象、直译式的计算机编程语言。它包含一整套功能完善的标准库，能够轻松完成很多常见的编程任务。

Python 由 Guide Van Rossum 于 1989 年圣诞节期间设计，他力图使 Python 简单直观、

开源、容易理解且适合快速开发，这一设计理念可以概括为"优雅""明确""简单"。而Python正是在这种设计思想下逐渐成为一款流行的编程语言。

Python为网站搭建、科学计算、图形用户界面（GUI）等各个方面的开发都提供了完善的开发框架。国内网站中，豆瓣网、知乎、果壳网等都使用了Python的Web框架，Google也有很多Python的重要应用。此外，在科学计算方面，Python的NumPy、SciPy、Pandas、Matplotlib、Scikit-learn等框架也非常成熟，这也使得Python成为一款非常适用于数据科学的工具。

2.2 Python与数据科学的关系

数据科学是一个跨学科的课题，综合了三个领域的能力：统计学家的能力——能够建立模型的聚合数据（数据量正在不断增加）；计算机科学家的能力——能够设计并使用算法对数据进行高效存储、分析和可视化；领域专家的能力——在细分领域经过专业训练，既可以提出问题，又可以做出专业的解答。

而Python之所以能在数据科学领域广泛应用，主要是因为它的第三方程序包拥有庞大而活跃的生态系统：NumPy可以处理同类型（homogeneous）数组型数据，Pandas可以处理多种类型（heterogenous）带标签的数据，SciPy可以解决常见的科学计算问题，Matplotlib可以绘制用于印刷的可视化图形，IPython可以实现交互式编程和快速分享代码，Scikit-learn可以进行机器学习。

2.3 Python中常用的第三方库

本节详细介绍在数据科学这门学科中，我们经常需要使用的第三方库。

2.3.1 NumPy

NumPy（Numerical Python的简称）是Python科学计算的基础包。本书大部分内容都基于NumPy以及在其基础上所构建的库。它提供了以下功能（不限于此）：

- 快速高效的多维数组对象ndarray。
- 用于对数组执行元素级计算以及直接对数组执行数学运算的函数。
- 用于读写硬盘上基于数组的数据集的工具。
- 线性代数运算、傅里叶变换，以及随机数生成。
- 用于将C、C++、Fortran代码集成到Python的工具。

除了为Python提供快速的数组处理能力之外，NumPy在数据科学方面还有另一个主要作用，即作为算法之间传递数据的容器。对于数值型数据，NumPy数组在存储和处理数据时要比内置的 Python 数据结构高效得多。此外，由低级语言（比如 C 和 Fortran）编写的库可以直接操作 NumPy 数组中的数据，无须进行任何数据复制工作。

2.3.2 SciPy

SciPy 包含致力于科学计算中常见问题的各个工具箱。它的不同子模块对应于不同的应用，如插值、积分、优化、图像处理、统计、特殊函数等。

SciPy 可以与其他标准科学计算程序库进行比较，比如 GSL（GNU C 或 C++ 科学计算库）或者 Matlab 工具箱。SciPy 是 Python 中科学计算程序的核心包，用于有效地计算 NumPy 矩阵，以便让 NumPy 和 SciPy 协同工作。表 2-1 列出了 SciPy 中经常用到的部分子功能。

表 2-1 SciPy 的部分子功能

模块	功能	模块	功能
scipy.cluster	矢量量化 / k-means	scipy.odr	正交距离回归
scipy.constants	物理和数学常数	scipy.optimize	优化
scipy.fftpack	傅里叶变换	scipy.signal	信号处理
scipy.integrate	积分程序	scipy.sparse	稀疏矩阵
scipy.interpolate	插值	scipy.spatial	空间数据结构和算法
scipy.io	数据输入输出	scipy.special	任何特殊数学函数
scipy.linalg	线性代数程序	scipy.stats	统计
scipy.ndimage	n 维图像包		

2.3.3 Pandas

Pandas 这个名字源于 panel data（面板数据，这是计量经济学中关于多维结构化数据集的一个术语），也是 Python data analysis（Python 数据分析）的简写。

Pandas 处理以下三种数据结构：

- 系列（Series）。
- 数据帧（DataFrame）。
- 面板（Panel）。

这些数据结构都构建在 NumPy 数组之上。其中，Series 为一维数组，与 NumPy 中的一维 array 类似，二者与 Python 基本的数据结构 List 也很相近。Series 如今能保存不同的数据类型，包括字符串、布尔值、数字等；DataFrame 是二维的表格型数据结构，其很多功能与 R 语言中的 data.frame 类似，可以将 DataFrame 理解为 Series 的容器；Panel 是三维的数组，可以理解为 DataFrame 的容器。

Pandas 提供了使我们能够快速、便捷地处理结构化数据的大量数据结构和函数，是数据科学中重要的 Python 库。你很快就会发现，它是使 Python 成为强大而高效的数据分析环境的重要因素之一。它用来操作数据和分析数据，很适合不同类型的数据，如表格、有序时间序列、无序时间序列、矩阵等。

此外，Pandas 兼具 NumPy 高性能的数组计算功能以及电子表格和关系型数据库（如 SQL）灵活的数据处理功能。它提供了复杂而精细的索引功能，以便更为便捷地完成重塑、切片和切块、聚合以及选取数据子集等操作。

2.3.4 Matplotlib

Matplotlib 是一个 Python 2D 绘图库，它可以在各种平台上以各种硬拷贝格式和交互式环境生成具有出版品质的图形。Matplotlib 可用于 Python 脚本、Python 和 IPython shell、Jupyter Note、Web 应用程序服务器和 4 个图形用户界面工具包。

Matplotlib 试图让简单的事情变得更简单，让无法实现的事情变得可能实现。只需几行代码即可生成绘图、直方图、功率谱、条形图、错误图、散点图等。

Matplotlib 子模块 Pyplot 提供了类似于 MATLAB 的界面，经常与 IPython 结合使用。对于高级用户，可以通过面向对象的界面或 MATLAB 用户熟悉的一组函数完全控制线条样式、字体属性、轴属性等。

2.3.5 Scikit-learn

基于 SciPy，目前开发者针对不同的应用领域已经发展出为数众多的分支版本，它们被统一称为 Scikits，即 SciPy 工具包的意思。而在这些分支版本中，最有名也是专门面向机器学习的一个就是 Scikit-learn。

Scikit-learn 项目最早由数据科学家 David Cournapeau 在 2007 年发起，需要 NumPy 和 SciPy 等其他包的支持，它是 Python 语言中专门针对机器学习应用而发展起来的一款开源框架。

和其他众多的开源项目一样，Scikit-learn 目前主要由社区成员自发进行维护。可能是由于维护成本的限制，Scikit-learn 相比其他项目要显得更为保守。这主要体现在两个方面：一是 Scikit-learn 从来不做除机器学习领域之外的其他扩展，二是 Scikit-learn 从来不采用未经广泛验证的算法。

Scikit-learn 的基本功能主要被分为六大部分：分类、回归、聚类、数据降维、模型选择和数据预处理。

2.4 编译环境

Python 的集成开发环境（IDE）软件，除了标准二进制发布包所附的 IDLE 之外，还有许多其他的选择。这些 IDE 能够提供语法着色、语法检查、运行调试、自动补全、智能感知等便利功能。为 Python 专门设计的 IDE 有 Anaconda、Pycharm、PyScripter、Eric 等，这些 IDE 各具特点。

2.4.1 Anaconda

1. 简介

在众多 IDE 中，Anaconda Python 是一款适合数据分析者的集成开发环境，它包含常用科学计算、数据分析、自然语言处理、绘图等包，所有的模块几乎都是最新的，容量适中。Anaconda 使用了 conda 和 pip 包管理工具，安装第三方包非常方便，避免了管理各个库之间依赖性的麻烦。Anaconda 继承了 Python、IPython、Spyder 和众多的框架与环境，且支持 Python 2 和 Python 3，包括免费版、协作版、企业版等。

Anaconda 集成的 Jupyter Notebook 由于支持 Latex 等功能，被国外数据科学工作者和大学讲师广泛使用，成为 Python 数据科学领域的标准 IDE 工具。

2. 安装

Anaconda 官方网址为：https://www.anaconda.com/download/。

（1）进入官网下载 Anaconda，该网站可以检测出当前电脑的操作系统，这里以 Windows 系统为例，故网站提供 Windows 系统版本安装包。Anaconda 官网提供了 3.7 和 2.7 两个版本，读者可以根据需要自行选择下载。这里以 3.7 版本为例。其下载界面如图 2-2 所示。

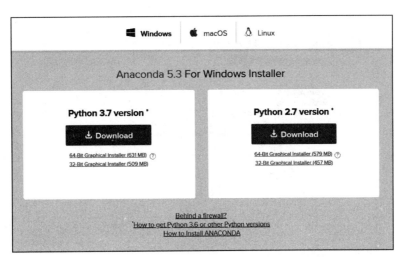

图 2-2　Anaconda 下载界面

（2）下载完成后，双击 exe 文件进行安装。其安装界面如图 2-3 所示。

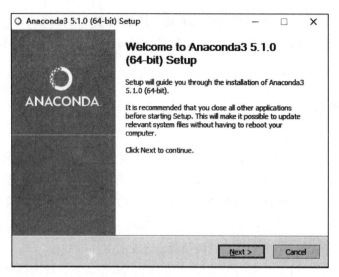

图 2-3　Anaconda 安装界面

（3）选择安装路径，如图 2-4 所示。

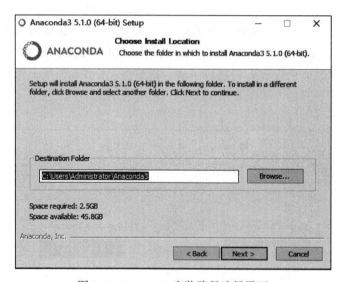

图 2-4　Anaconda 安装路径选择界面

（4）单击 Install 按钮，等待进度条读取完毕即可完成安装。注意：安装时有两个高级选项，第一个是把 Anaconda 加入 PATH（系统环境变量），第二个是将 Anaconda 作为默认的 Python 3.6，如图 2-5 所示。

（5）打开 Anaconda Navigator（导航），在 Environments（管理版本和包）可以看到 NumPy、SciPy、Scikit-learn、Matplotlib 等常用数据科学库都已安装完毕，如图 2-6 所示。

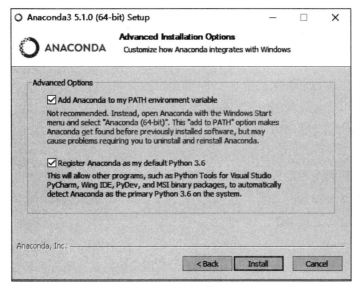

图 2-5　Anaconda 环境变量配置

图 2-6　Anaconda 中安装的库

2.4.2　Jupyter Notebook

Anaconda 的安装为后续机器学习算法的编写提供了必要的环境。Anaconda 安装完成后，我们使用集成在其上的 Jupyter Notebook 作为后续实现机器学习算法的 IDE。

1. 简介

Jupyter Notebook（此前被称为 IPython Notebook）是一个交互式笔记本，支持运行 40 多种编程语言，它是 Donald Knuth 在 1984 年提出的文字表达化编程的一种形式。在文字表达化编程中，可以直接在代码旁写出叙述性文档，而不是另外编写单独的文档。用 Donald Knuth 的话来说："让我们集中精力向人们解释我们希望计算机做什么，而不是指示计算机做什么。"

归根到底，代码是写给人而不是计算机看的。Notebook 提供了这种能力，编程人员能够直接在代码旁写出叙述性文档。这不仅对阅读 Notebook 的人很有用，而且对编程人员将来回头分析代码也有很大用处。

Jupyter Notebook 的本质是一个 Web 应用程序，便于创建和共享文学化程序文档，支持实时代码、数学方程、可视化和 Markdown，其用途包括数据清理和转换、数值模拟、统计建模、机器学习等。

2. 编程示例

下面我们以一个小程序为例，为读者演示 Jupyter Notebook 的简单使用。该程序实现了矩阵之间的乘法。

（1）打开 Jupyter，单击 New，在下拉菜单中选择 Python 3，新建 Python 文件，如图 2-7 所示。

图 2-7 Jupyter Notebook 主界面

（2）在新打开的 Python 文件界面中，单击上方的 Untitled，可实现对新建文件的重命名功能，这里将其重命名为 test，如图 2-8 所示。

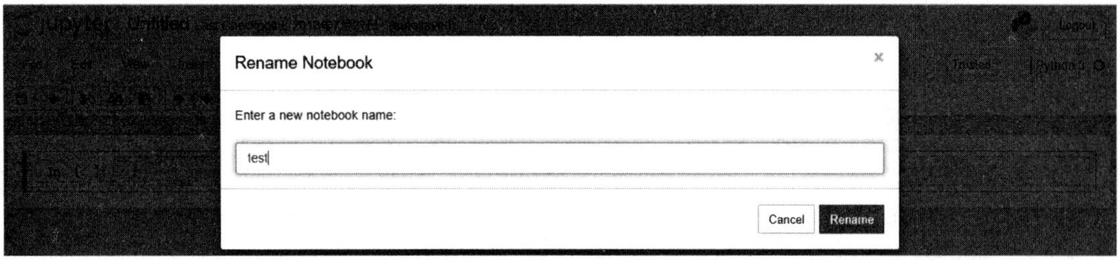

图 2-8　Jupyter 中的重命名

（3）输入代码，按 Shift+Enter 组合键运行代码。以下代码实现了一个 2×3 矩阵与一个 3×2 矩阵相乘的功能：

```
import numpy as np
# 创建一个 2 行 3 列的矩阵
two_dim_matrix_one = np.array([[1, 2, 3], [4, 5, 6]])
# 创建一个 3 行 2 列的矩阵
two_dim_matrix_two = np.array([[1, 2], [3, 4], [5, 6]])
# 使用 NumPy 包中的方法进行相乘
two_multi_res = np.dot(two_dim_matrix_one, two_dim_matrix_two)
print('two_multi_res: %s' %(two_multi_res))
```

其运行结果如图 2-9 所示。

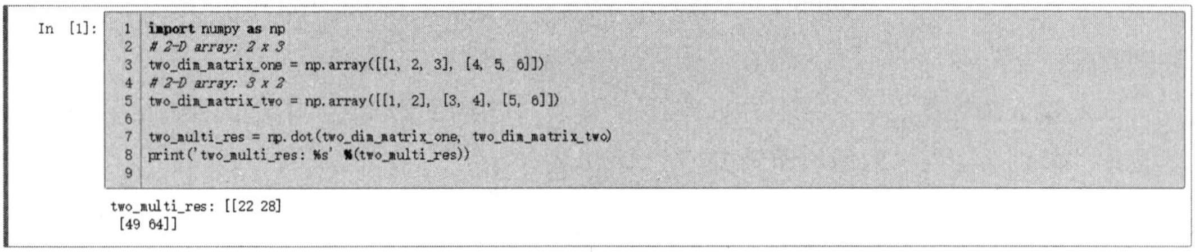

图 2-9　Jupyter 中的程序输入框及其运行结果

2.5　本章小结

Python 适用于机器学习的最直接原因是有 NumPy 和 SciPy 库支持 Scikit-learn 这样的项目，因为它目前几乎是所有机器学习任务的标准工具。除此之外，Python 也是非常容易理解的，这有助于保持最新的机器学习和 AI 的现状，例如，用 Python 实现最新算法时会节省很多时间。尝试人工智能和机器学习的新思路往往需要实现相对复杂的算法，语言越简单，调试就越容易。机器学习是一个集成度很高的学科，因为任何机器学习系统都需要从现实世界中提取大量数据作为训练数据或系统输入数据，因此 Python 的框架库生态系统意味着它通常可以很好地访问和转换数据。

总而言之，Python 是一种伟大的语言，它可以让研究人员和从业者专注于机器学习。

2.6 本章习题

1. 选择题

（1）K 最近邻方法在什么情况下分类效果较好？（　　）

    A. 样本较多但典型性不好　　　　　　B. 样本较少但典型性好

    C. 样本呈团状分布　　　　　　　　　　D. 样本呈链状分布

（2）下列哪一项不属于 Python 的集成开发环境？（　　）

    A. Pycharm　　　　B. Anaconda　　　　C. Eric　　　　D. Eclipse

（3）下列哪一项是 Python 科学计算的基础包？（　　）

    A. NumPy　　　　B. Pandas　　　　C. Matplotlib　　　　D. SciPy

2. 填空题

（1）Python 科学计算的基础包是_____。

（2）Python 中常用的第三方库有_____、_____、_____、_____。

（3）Python 是一款_____、_____的计算机编程语言。

（4）_____是一个 Python 2D 绘图库，它可以在各种平台上使用。

3. 判断题

给定 n 个数据点，如果其中一半用于训练，一半用于测试，则测试误差和训练误差之间的差别会随着 n 的增加而减少。（　　）

CHAPTER 3

第 3 章

线性回归算法

3.1 算法概述

简单来说，回归就是用一条曲线对数据点进行拟合，该曲线称为最佳拟合曲线，这个拟合过程称为回归。回归问题的求解过程就是通过训练分类器采用最优化算法来寻找最佳拟合参数集。当该曲线是一条直线时，就是线性回归。

对于一个拥有 m 个对象、n 个属性的样本数据集而言，线性回归的目的就是建立一个线性函数，它能对待测对象 x，预测其对应的一个或者多个输出结果。以银行贷款为例，银行会了解贷款人的年龄和工资等信息，然后根据这些数据给出相应的贷款额度，工资和年龄都会最终影响贷款的额度，那么它们各自有多大的影响呢？这就需要用到线性回归的思想。

机器学习中，线性回归思想示意图如图 3-1 所示。线性回归是机器学习的基础，"线性"指一次，"回归"实际上就是拟合。线性回归一般用来做连续值的预测，预测的结果是一个连续值。在训练学习样本时，不仅需要提供学习的特征向量 X，还需要提供样本的实际结果（标记 label），因此线性回归模型属于监督学习里的回归模型。

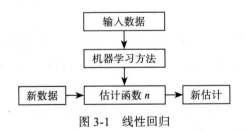

图 3-1 线性回归

3.2 算法流程

线性回归算法流程如图 3-2 所示。

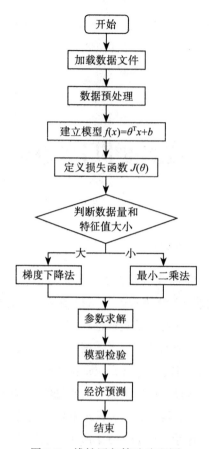

图 3-2 线性回归算法流程图

3.3 算法步骤

1. 模型建立

在线性回归中,假定输入 x 与输出 y 之间具有线性相关的关系。当特征向量 X 中只有一个特征时,需要学习的函数应是一个一元线性函数 $f(x)=\theta^T x+b$。当情况复杂时,给定由 d 个属性描述的示例 $X=(x_1;x_2;\cdots;x_d)$,其中 x_i 是 X 在第 i 个属性上的取值,线性模型(linear model)试图学得一个通过属性的线性组合来进行预测的函数,考虑 X 存在 n 个特征的情形,我们往往需要得到更多的系数。将 X 到 y 的映射函数记作函数 $h_\theta(X)$:

$$h_\theta(X)=\sum_{i=0}^{n}\theta_i x_i=\theta^T X \tag{3-1}$$

其中,为了在映射函数 $h_\theta(X)$ 中保留常数项,令 x_0 为 1,所以特征向量 $X=\{1, x_1, x_2,\cdots,x_n\}$,特征系数向量 $\theta=\{\theta_0, \theta_1, \theta_2,\cdots, \theta_n\}$。

2. 参数估计

用线性回归拟合出来的模型 $h_\theta(X)$ 给出的预测值 f 与真实值 $y^{(i)}$ 之间肯定存在差异 $\varepsilon^{(i)}$，其中 $\varepsilon^{(i)} = y^{(i)} - f$。对于每一个样本而言，满足：

$$y^{(i)} = \theta^\mathrm{T} x^{(i)} + \varepsilon^{(i)} \tag{3-2}$$

误差 $\varepsilon^{(i)}$ 相互独立且具有相同的分布，服从均值为 0、方差为 θ^2 的高斯分布。由于误差 $\varepsilon^{(i)}$ 服从高斯分布，将 $\varepsilon^{(i)}$ 代入高斯公式得

$$p\left(\varepsilon^{(i)}\right) = \frac{1}{\sqrt{2\pi}\sigma} \exp\left(-\frac{\left(\varepsilon^{(i)}\right)^2}{2\sigma^2}\right) \tag{3-3}$$

将式（3-2）代入式（3-3）可得：

$$p\left(y^{(i)} \mid x^{(i)}; \theta\right) = \frac{1}{\sqrt{2\pi}\sigma} \exp\left(-\frac{\left(y^{(i)} - \theta^\mathrm{T} x^{(i)}\right)^2}{2\sigma^2}\right) \tag{3-4}$$

为让预测值成为真实值的可能性最大，进行最大似然估计：

$$L(\theta) = \prod_{i=1}^{m} p(y^{(i)} \mid x^{(i)}; \theta) = \prod_{i=1}^{m} \frac{1}{\sqrt{2\pi}\sigma} \exp\left(-\frac{\left(y^{(i)} - \theta^\mathrm{T} x^{(i)}\right)^2}{2\sigma^2}\right) \tag{3-5}$$

对该似然函数累乘不容易求解，且每项元素均大于零，对式（3-5）两边取对数，将乘法转换成加法：

$$\log L(\theta) = \log \prod_{i=1}^{m} \frac{1}{\sqrt{2\pi}\sigma} \exp\left(-\frac{\left(y^{(i)} - \theta^\mathrm{T} x^{(i)}\right)^2}{2\sigma^2}\right) \tag{3-6}$$

对式（3-6）进行化简得

$$\begin{aligned}\log L(\theta) &= \sum_{i=1}^{m} \log \frac{1}{\sqrt{2\pi}\sigma} \exp\left(-\frac{\left(y^{(i)} - \theta^\mathrm{T} x^{(i)}\right)^2}{2\sigma^2}\right) \\ &= m \log \frac{1}{\sqrt{2\pi}\sigma} - \frac{1}{\sigma^2} \cdot \frac{1}{2} \sum_{i=1}^{m} \left(y^{(i)} - \theta^\mathrm{T} x^{(i)}\right)^2\end{aligned} \tag{3-7}$$

3. 损失函数

对似然函数求对数以后，似然函数的值越大越好，前半部分属于常数值部分，不做考虑，因此式（3-7）后半部分的取值越小越好。令

$$J(\theta) = \frac{1}{2} \sum_{i=1}^{m} \left(y^{(i)} - h_\theta\left(x^{(i)}\right)\right)^2 \tag{3-8}$$

运用最小二乘法对式（3-8）进行求解：

$$J(\theta) = \frac{1}{2} \sum_{i=1}^{m} \left(h_\theta\left(x^{(i)}\right) - y^{(i)}\right)^2 = \frac{1}{2}(X\theta - y)^\mathrm{T}(X\theta - y) \tag{3-9}$$

对式（3-9）中的 θ 求偏导以得到极小值点：

$$\begin{aligned}
\nabla_\theta J(\theta) &= \nabla_\theta \left(\frac{1}{2}(X\theta-y)^{\mathrm{T}}(X\theta-y)\right) \\
&= \nabla_\theta \left(\frac{1}{2}(\theta^{\mathrm{T}}X^{\mathrm{T}}-y^{\mathrm{T}})(X\theta-y)\right) \\
&= \nabla_\theta \left(\frac{1}{2}(\theta^{\mathrm{T}}X^{\mathrm{T}}X\theta-\theta^{\mathrm{T}}X^{\mathrm{T}}y-y^{\mathrm{T}}X\theta+y^{\mathrm{T}}y)\right) \\
&= \frac{1}{2}\left(2X^{\mathrm{T}}X\theta-X^{\mathrm{T}}y-(y^{\mathrm{T}}X)^{\mathrm{T}}\right) \\
&= X^{\mathrm{T}}X\theta-X^{\mathrm{T}}y
\end{aligned} \qquad (3\text{-}10)$$

令偏导值为 0，得 θ：

$$\theta = (X^{\mathrm{T}}X)^{-1}X^{\mathrm{T}}y \qquad (3\text{-}11)$$

4．梯度下降

在求解极小值的过程中，当数据量比较小的时候，可以通过式（3-11）的方式来求解最优的 θ 值，但是当数据量和特征值非常大，例如有几万甚至上亿的数据和特征值时，运用矩阵求逆的方法就变得不太现实，而梯度下降法给出了不错的选择。

梯度是一个向量，是一个 n 元函数 f 关于 n 个变量的偏导数，如三元函数 f 的梯度为 (f_x, f_y, f_z)，二元函数 f 的梯度为 (f_x, f_y)，一元函数 f 的梯度为 f_x。二元函数梯度下降示意图如图 3-3 所示。梯度函数的方向就是上述案例中上山最陡峭的地方，是函数 f 增长最快的方向，而梯度的反方向就是 f 函数值降低最快的方向，沿着该方向更容易找到函数的最小值。

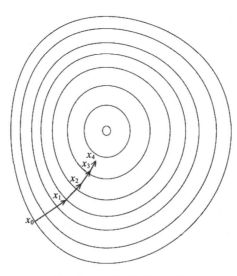

图 3-3　二元函数梯度下降

梯度下降法的基本思想可以类比为一个下山的过程。假设一个人站在山顶，由于浓雾使得他并不容易找到山谷（山的最低点），而必须利用自身周围的信息去找到下山的路径。此时，就可以利用如下方法来找到下山的途径：以他当前所处的位置为基准，寻找当前位置最陡峭的地方，然后朝着山的高度下降的地方走。反复采用该方法，最后就能成功抵达山谷。

在线性回归算法中，损失函数如下：

$$J(\theta) = \frac{1}{2}\sum_{i=1}^{m}\left(h_\theta\left(x^{(i)}\right) - y^{(i)}\right)^2 \tag{3-12}$$

式中 $h_\theta(x^{(i)})$ 代表输入为 $x^{(i)}$ 时，在当时 θ 参数下的输出值：

$$h_\theta(x) = h(x) = \theta_0 + \theta_1 x_1 + \theta_2 x_2 + \cdots + \theta_m x_m$$

使用梯度下降法求取 $J(\theta)$ 的最小值，实现目标函数 $J(\theta)$ 按梯度下降的方向进行减少，有

$$\theta_j := \theta_j - \alpha\frac{\partial}{\partial \theta_j}J(\theta) \tag{3-13}$$

其中，j 为特征值权重的编号，α 为学习率或步长，需要人为指定，若取值过大则会导致目标函数不收敛，若取值过小则会导致总体迭代次数过多，收敛速度很慢。

当下降的高度小于某个设定的值时，停止下降。对线性回归算法损失函数 $J(\theta)$ 求梯度，得

$$\begin{aligned}\frac{\partial}{\partial \theta_j}J(\theta) &= \frac{\partial}{\partial \theta_j}\frac{1}{2}(h_\theta(x) - y)^2 \\ &= 2 \cdot \frac{1}{2}(h_\theta(x) - y) \cdot \frac{\partial}{\partial \theta_j}(h_\theta(x) - y) \\ &= (h_\theta(x) - y) \cdot \frac{\partial}{\partial \theta_j}\left(\sum_{i=0}^{n}\theta_j x_j - y\right) \\ &= (h_\theta(x) - y)x_j\end{aligned} \tag{3-14}$$

据式（3-13）与式（3-14），单个特征的迭代式如下：

$$\theta_j := \theta_j + \alpha\left(y^{(i)} - h_\theta\left(x^{(i)}\right)\right)x_j^{(i)} \tag{3-15}$$

由单个特征迭代式推得多特征迭代式，见式（3-16）：

$$\theta_j := \theta_j + \alpha\sum_{i=1}^{m}\left(y^{(i)} - h_\theta\left(x^{(i)}\right)\right)x_j^{(i)} \tag{3-16}$$

对每个 j 迭代求值，再对式（3-16）迭代直至该式收敛。上述所讲即为梯度下降算法（Gradient Descent），当前后两次迭代的值不再发生变化时，说明它已收敛，退出迭代。在一般情况下，会设置一个具体的参数，当前后两次的迭代差值小于该值时迭代结束。

总的来说，在梯度下降的参数中，初始值和学习率都是人工设置的，同时梯度下降法对这些参数又是敏感的。初始值的设置会影响到最终 $J(\theta)$ 的最小值，使得结果可能是局部最小值（Local Minima），也可能是全局最小值（Global Minima），如图 3-4 所示。同时，学习率的设置也会影响梯度下降的性能和结果，当学习率值设置过小时，由于沿着最陡峭方向每次迈进的步伐太小，会导致收敛时间过长，但最终会找到全局最优解；当学习率值设置过大时，很有可能会直接越过全局最小值，因而无法得到 $J(\theta)$ 的最小值。

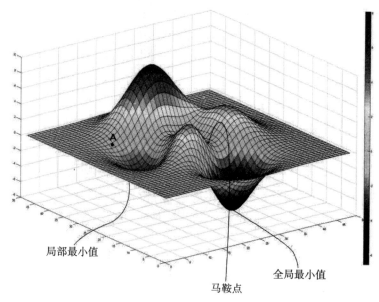

图 3-4　多元梯度下降示意图

3.4　算法实例

下面是一个简单的模型，是对 3.3 节提出的线性回归梯度下降算法的实现，具体程序代码如下。

```
#!/usr/bin/python
#coding=utf-8
import numpy as np
from scipy import stats
import matplotlib.pyplot as plt

# 构造训练数据
x = np.arange(0., 10., 0.2)
m = len(x)   # 训练数据点数目
print(m)
x0 = np.full(m, 1.0)
```

```python
input_data = np.vstack([x0, x]).T    # 将偏置b作为权向量的第一个分量
target_data = 2 * x + 5 + np.random.randn(m)

# 两种终止条件
loop_max = 10000    # 最大迭代次数（防止死循环）
epsilon = 1e-3

# 初始化权值
np.random.seed(0)
theta = np.random.randn(2)
alpha = 0.001    # 步长（注意取值过大会导致振荡即不收敛，过小收敛速度变慢）
diff = 0.
error = np.zeros(2)
count = 0    # 循环次数
finish = 0    # 终止标志


while count < loop_max:
    count += 1

    # 标准梯度下降是在权值更新前对所有样例汇总误差，而随机梯度下降的权值是通过考察某个训练样例来更新的
    # 在标准梯度下降中，权值更新的每一步对多个样例求和，需要更多的计算
    sum_m = np.zeros(2)
    for i in range(m):
        dif = (np.dot(theta, input_data[i]) - target_data[i]) * input_data[i]
        sum_m = sum_m + dif    # 当alpha取值过大时，sum_m会在迭代过程中溢出

    theta = theta - alpha * sum_m    # 注意步长alpha的取值，过大会导致振荡
    # theta = theta - 0.005 * sum_m    # alpha取0.005时产生振荡，需要将alpha调小

    # 判断是否已收敛
    if np.linalg.norm(theta - error) < epsilon:
        finish = 1
        break
    else:
        error = theta
    print( 'loop count = %d' % count, '\tw:', theta)
print ('loop count = %d' % count, '\tw:', theta)

# 用SciPy线性回归检查
slope, intercept, r_value, p_value, slope_std_error = stats.linregress(x, target_data)
print ('intercept = %s slope = %s' % (intercept, slope))

plt.plot(x, target_data, 'g*')
plt.plot(x, theta[1] * x + theta[0], 'r')
plt.xlabel("X")
plt.xlabel("Y")
plt.show()
```

运行结果如图 3-5 所示。

```
50
loop count = 1      w: [2.3221664  3.74752288]
loop count = 2      w: [2.03227017 1.54546032]
loop count = 3      w: [2.29637407 2.97515749]
loop count = 4      w: [2.19699697 2.02832888]
loop count = 5      w: [2.33456174 2.63686952]
loop count = 6      w: [2.31615581 2.22769658]
……
loop count = 300    w: [5.63766048 1.88345245]
loop count = 301    w: [5.63868679 1.88329572]
loop count = 302    w: [5.63970019 1.88314097]
loop count = 303    w: [5.64070083 1.88298817]
loop count = 304    w: [5.64168888 1.88283729]
intercept = 5.719194774079044      slope = 1.871001842016462
```

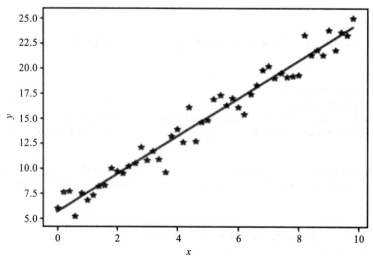

图 3-5　线性回归梯度下降算法示例结果图

3.5　算法应用

线性回归是机器学习中最基础的算法，它研究的是样本目标和特征变量之间是否存在线性关系。现有 506 条有关波士顿房价的综合数据，包括每间住宅的平均房间数 RM、一氧化氮浓度（每千万份）NOX、房子所在区的犯罪率 CRIM、城镇的黑人比例 B、高速公路条数 RAD、城镇的学生与教师比例 PTRATIO 等。每条数据就是一个样本，房价就是目标变量，其他数据可看作特征变量。下面算法中选取房间数 RM 作为特征变量，房价 PRICE 作为目标变量，通过使用 Scikit-learn 中内置的回归模型对"美国波士顿房价"数据进行预测，最终给出房价 PRICE 的预测。

```
import pandas as pd
import numpy as np
from sklearn import datasets
import matplotlib.pyplot as plt
from sklearn.linear_model import LinearRegression

# 把数据转化成 Pandas 的形式，在列尾加上房价 PRICE
boston_dataset=datasets.load_boston()
data=pd.DataFrame(boston_dataset.data)
data.columns=boston_dataset.feature_names
data['PRICE']=boston_dataset.target

# 取出房间数和房价并转化成矩阵形式
x=data.loc[:, 'RM'].as_matrix(columns=None)
y=data.loc[:, 'PRICE'].as_matrix(columns=None)

# 进行矩阵的转置
x=np.array([x]).T
y=np.array([y]).T

# 训练线性模型
l=LinearRegression()
l.fit(x, y)

# 画图显示
plt.scatter(x, y, s=10, alpha=0.3, c='green')
plt.plot(x, l.predict(x), c='blue', linewidth='1')
plt.xlabel("Number of Rooms")
plt.ylabel("House Price")
plt.show()
```

运行结果如图 3-6 所示。

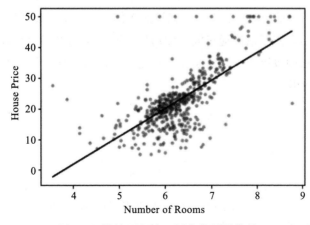

图 3-6 线性回归波士顿房价预测模型

3.6 算法的改进与优化

利用普通最小二乘法建立多元线性回归模型（Multiple Linear Regression，MLR），当对回归方程中的变量与样本进行增减时，其他变量回归系数可能有较大的变化，甚至改变符号，与实际问题产生矛盾。然而，在实际问题中变量间存在线性关系的现象却是普遍存在的，为消除这种现象给回归建模带来的不良影响，化学家 S. Wold 于 1983 年提出了一种偏最小二乘回归（Partial Least Squares Regression，PLS）方法。

在偏最小二乘回归中，设由观测数据得到资料阵 $X_{n*p}=(x_1,x_2,\cdots,x_p)$ 和 y，记 $E_0=(E_{01},E_{02},\cdots,E_{0P})=(x_1^*,x_2^*,\cdots,x_p^*)$ 和 $F_0=(y^*0\in R^n)$ 分别是 X 和 y 经标准化处理后的观测数据矩阵，其中 $y^*=\dfrac{y-E(y)}{s_y}$，$x_i^*=\dfrac{x_i-E(x_i)}{s_i}(i=1,2,\cdots,p)$。得到的预测模型效果优于普通最小二乘法。

当数据间存在线性关系时，用普通最小二乘方法建模得到的结果误差会很大，甚至会出现和实际相悖的情况，在这种情况下，普通最小二乘方法是失效的。偏最小二乘回归在某种程度上改善了普通最小二乘法对变量间存在线性关系时建模的弊端。

3.7 本章小结

本章主要介绍了机器学习中的线性回归算法。首先，对线性回归算法进行简要介绍，该算法通过对历史数据的学习得到估计函数，运用该函数可以对新的数据产生新的估计。其次，以流程图的形式对该算法从整体上进行讲解，然后对算法流程中的各环节进行简要介绍并给出相关公式的推导过程，之后，在算法实例部分给出了该算法的实现过程。最后，在算法应用部分，结合实际情况通过波士顿房价预测的实例加深读者对线性回归算法的理解，并给出对该算法的改进与优化。学完本章之后，读者应该对线性回归算法有深刻的了解，掌握并熟练地使用它。

3.8 本章习题

1. 选择题

（1）在下面的两个图中，右图给出关于 θ_0 和 θ_1 的损失函数 $J(\theta_0, \theta_1)$，左图给出相同损失函数的等值线图。根据该图，选择正确的选项（多选题）。（　　）

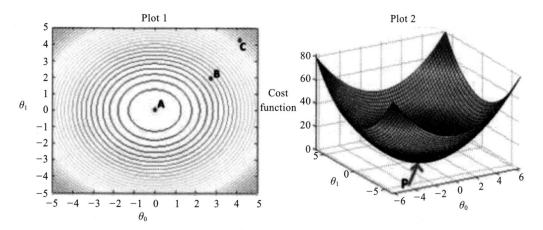

A. 如果从 B 点开始，具有良好学习率的梯度下降最终帮助我们到达或接近 A 点，因为损失函数 $J(\theta_0, \theta_1)$ 的值在 A 点处最小

B. 点 P（右图的全局最小值）对应于左图中的点 A

C. 如果从 B 点开始，具有良好学习率的梯度下降最终帮助我们到达或接近 C 点，因为损失函数 $J(\theta_0, \theta_1)$ 的值在 C 点处最小

D. 如果从 B 点开始，具有良好学习率的梯度下降最终帮助我们到达或接近 A 点，因为损失函数 $J(\theta_0, \theta_1)$ 的值在 A 点处最大

E. 点 P（右图的全局最小值）对应于左图中的点 C

（2）假设对于某些线性回归问题（例如预测住房价格）我们有一些训练集，对于训练集，设法找到 θ_0、θ_1，使得 $J(\theta_0, \theta_1)=0$。下面哪个叙述是正确的？（　　）

A. 即使对于尚未看到的新例子，我们也可以完美地预测 y 的值（例如，可以完美地预测我们还没有看到的新房子）

B. 为使上式成立，我们必须令 $\theta_0=0$ 和 $\theta_1=0$ 从而使得 $h_\theta(x)=0$

C. 对于满足 $J(\theta_0, \theta_1)$ 的 θ_0 和 θ_1 的值，对每个训练样本 $(x^{(i)}, y^{(i)})$ 都有 $h_\theta(x^{(i)})=y^{(i)}$

D. 这是不可能的，根据 $J(\theta_0, \theta_1)=0$ 的定义，不可能存在 θ_0 和 θ_1 使得 $J(\theta_0, \theta_1)=0$

2. 填空题

（1）已知小张在大学一年级的学习成绩，预测一下她在大学二年级的学习成绩。具体来说，让 x 等于小张在大学第一年（新生年）收到的 A 等级（包括 A-、A 和 A+ 等级）的数量。我们要预测 y 的值，将其定义为她在第二年（大二）获得的 A 等级的数量。在线性回归中，假设 $h_\theta(x)=\theta_0+\theta_1 x$，使用 m 来表示训练样本数量。根据下面给出的训练集，m 的值为_____。

x	y
1	0.5
2	1
4	2
0	0

（2）假设使用题（1）中的训练集，定义损失函数 $J(\theta_0,\theta_1)=\frac{1}{2m}\sum_{i=1}^{m}\left(h_\theta\left(x^{(i)}\right)-y^{(i)}\right)^2$，则 $J(0,1)=$ _____。

（3）假设 $\theta_0=-1$，$\theta_1=0.5$，则 $h_\theta(5)=$ _____。

3. 判断题

（1）机器学习线性回归模型是一种有监督的学习方式。（　　）

（2）梯度下降算法是一种求解全局最优解的方法。（　　）

（3）使用最小二乘法求解损失函数时，将数据点代入假设方程求得观测值，求使得实际值与观测值相减的平方和最小的参数。（　　）

4. 编程题

据美国疾病预防中心数据显示，美国约 1/7 的成年人患有糖尿病，到 2050 年，这个比例将会快速增长至高达 1/3。在 UCL 机器学习数据库里面有一个糖尿病数据集，该数据集由 768 条数据组成，每条数据有 9 个特征，分别是怀孕次数、血糖、血压、皮脂厚度、胰岛素、BMI 身体质量指数、糖尿病遗传函数、年龄和结果（0 代表未患糖尿病，1 代表患有糖尿病）。部分数据如下表所示。利用该数据集的第一个特征，编写一段 Python 代码，运用线性回归的思想建立怀孕与是否患糖尿病之间的联系，绘制一条直线，使得数据集中所有样本到直线上的距离的剩余平方和最小，并且与相应预测线逼近，最终给出回归方程相关系数值。

怀孕次数	血糖	血压	皮脂厚度	胰岛素	BMI	遗传函数	年龄	结果
6	148	72	35	0	33.6	0.627	50	1
1	85	66	29	0	26.6	0.351	31	0
8	183	64	0	0	23.3	0.672	32	1
1	89	66	23	94	28.1	0.167	21	0
0	137	40	35	168	43.1	2.288	33	1

CHAPTER 4

第 4 章

逻辑回归算法

4.1 算法概述

提到逻辑回归算法，我们需要追溯到线性回归算法。经过第 3 章的学习，想必大家对线性回归算法都有了一定的了解。线性回归算法能对连续值的结果进行预测，而现实生活中最常见的还有分类问题，实际中最为常用的是二分类问题，比如医生判断病人是否生病、邮箱对正常邮件和垃圾邮件的自动分类等情况。

一般情况下，我们可以使用线性回归算法预测出连续值的结果，根据结果设定阈值就可以解决问题。但在很多实际情况中，我们需要学习的分类数据并不精确，如果仍然使用线性回归的方法，会使分类器的准确率偏低。

在这样的背景下，逻辑回归算法就诞生了。逻辑回归算法是一种广义的线性回归分析方法，其仅在线性回归算法的基础上，套用一个逻辑函数，从而对事件发生的概率进行预测。我们在线性回归中可以得到一个预测值，然后将该值通过逻辑函数进行转换，这样就能够将预测值变成概率值，再根据概率值实现分类。

逻辑回归算法常用于数据挖掘、疾病自动诊断、经济预测等领域。例如，探讨引发疾病的危险因素，并根据危险因素预测疾病发生的概率等。算法具体应用领域主要有：

（1）预测。

根据逻辑回归模型，通过历史数据的表现，预测未来结果发生的概率。

（2）判别。

实际上与预测有些类似，即通过预测结果发生的概率，实现对数据的判别与分类。

（3）寻找影响结果的主要因素。

该算法主要在流行病学中应用较多，比较常用的情况是探索某疾病的危险因素，即影响因素分析，包括从多个可疑影响因素中筛选出具有显著影响的因素变量，还包括考察某单一因素是否为影响某一事件发生与否的因素。

4.2 算法流程

逻辑回归算法流程如图 4-1 所示。

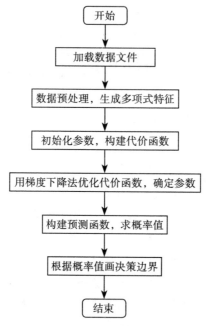

图 4-1 逻辑回归算法流程图

4.3 算法步骤

逻辑回归算法的步骤如下所示。

（1）加载数据文件。

（2）数据预处理，生成多项式特征。

由于最简单的二分类问题只有一阶特征，决策边界为一条直线，可以不考虑本步骤。而现实中的样本，往往需要拟合一条曲线来划分数据，即多项式拟合。多边形边界需要将特征转为多项式转换，进而更改样本的分布状态，使之能拟合更复杂的边界，如圆或者其他不规则图形。

（3）初始化参数 θ，构建代价函数 $J(\theta)$。

逻辑回归算法主要是使用最大似然估计的方法来学习，所以单个样本的后验概率为：

$$P(y|x;\theta)=(h_\theta(x))^y(1-h_\theta(x))^{(1-y)} \quad (4-1)$$

整个样本的后验概率就是：

$$L(\theta) = \prod_{i=1}^{m} p(y_i | x_i; \theta)$$
$$= \prod_{i=1}^{m} (h_\theta(x_i))^{y_i} (1 - h_\theta(x_i))^{1-y_i} \quad (4-2)$$

其中，

$$P(y = 1 | x; \theta) = h_\theta(x)$$
$$P(y = 0 | x; \theta) = 1 - h_\theta(x) \quad (4-3)$$

为了便于计算，我们对 $L(\theta)$ 取对数，进一步化简：

$$\log L(\theta) = \sum_{i=1}^{m} \left[y_i \log h_\theta(x_i) + (1 - y_i) \log(1 - h_\theta(x_i)) \right] \quad (4-4)$$

式（4-4）就是逻辑回归算法的损失函数，我们的目标是求最大 $L(\theta)$ 时的 θ，该损失函数是一个上凸函数，可以使用梯度上升法求得最大值，或者乘以 -1，变成下凸函数，就可以用梯度下降法求得最小值，即式（4-5）：

$$J(\theta) = -\frac{1}{m} \left[\sum_{i=1}^{m} y_i \log(h_\theta(x_i)) + (1 - y_i) \log(1 - h_\theta(x_i)) \right] \quad (4-5)$$

（4）用梯度下降法优化代价函数 $J(\theta)$，确定参数 θ。

梯度下降法公式为：

$$\begin{aligned}
\frac{\partial}{\partial \theta_j} J(\theta) &= -\frac{1}{m} \left(\sum_{i=1}^{m} y_i \frac{1}{g(\theta^T x_i)} - (1 - y_i) \frac{1}{1 - g(\theta^T x_i)} \right) \frac{\partial}{\partial \theta_j} h_\theta(x_i) \\
&= -\frac{1}{m} \sum_{i=1}^{m} \left(y_i (1 - g(\theta^T x_i)) - (1 - y_i) g(\theta^T x_i) \right) x_i^j \\
&= -\frac{1}{m} \sum_{i=1}^{m} \left(y_i - g(\theta^T x_i) \right) x_i^j \\
&= -\frac{1}{m} \sum_{i=1}^{m} \left(h_\theta(x_i) - y_i \right) x_i^j
\end{aligned} \quad (4-6)$$

θ 更新过程可以写成：

$$\theta_j := \theta_j - \alpha \frac{1}{m} \sum_{i=1}^{m} (h_\theta(x_i) - y_i) x_i^j \quad (4-7)$$

（5）构建预测函数 $h_\theta(x)$，求概率值。

逻辑回归算法通过拟合一个逻辑函数，即 sigmoid 函数，将任意的输入映射到 [0,1] 内。sigmoid 函数定义如下：

$$g(z) = \frac{1}{1 + e^{-z}} \quad (4-8)$$

它的函数图像如图 4-2 所示。

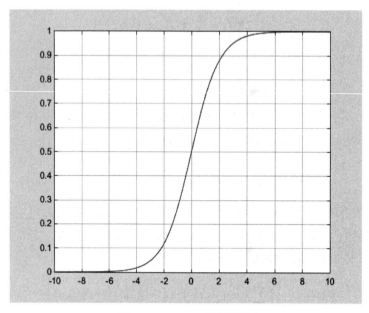

图 4-2 sigmoid 函数图像

将 sigmoid 函数应用到逻辑回归算法中,形式为:

$$z = \theta^{\mathrm{T}} x = \theta_0 + \theta_1 x_1 + \cdots + \theta_n x_n = \sum_{i=0}^{n} \theta_i x_i \tag{4-9}$$

结合式(4-8)和式(4-9),可以得到:

$$h_\theta(x) = g(\theta^{\mathrm{T}} x) = \frac{1}{1+\mathrm{e}^{-\theta^{\mathrm{T}} x}} \tag{4-10}$$

应当注意,$h_\theta(x)$ 的输出值有特殊含义,它表示 $y=1$ 的预测概率。

(6)根据概率值画决策边界。

所谓决策边界,就是能够把样本正确分类的一条边界,主要有线性决策边界和非线性决策边界。决策边界的构建使得分类结果更加直观。

4.4 算法实例

实现逻辑回归算法的程序如下。

```
from __future__ import print_function
import numpy as np
import matplotlib.pyplot as plt
```

```python
from scipy import optimize
from matplotlib.font_manager import FontProperties
font = FontProperties(fname=r"c:\windows\fonts\simsun.ttc", size=14)      # 解决
Windows 环境下画图汉字乱码问题

# 定义逻辑回归算法函数
def LogisticRegression():
    data = loadtxtAndcsv_data("data2.txt", ",", np.float64)
    X = data[:, 0:-1]
    y = data[:, -1]
    
    plot_data(X, y)   # 作图
    
    X = mapFeature(X[:, 0], X[:, 1])  # 映射为多项式
    initial_theta = np.zeros((X.shape[1], 1)) # 初始化 theta
    initial_lambda = 0.1 # 初始化正则化系数，一般取 0.01, 0.1, 1……
    
    J = costFunction(initial_theta, X, y, initial_lambda)# 计算一下给定初始化的 theta 
和 lambda 求出的代价 J
    
    print(J)   # 输出一下计算的值，应该为 0.693147
    #result = optimize.fmin(costFunction, initial_theta, args=(X, y, initial_
lambda))      # 直接使用最小化的方法，效果不好
    ''' 调用 SciPy 中的优化算法 fmin_bfgs（拟牛顿法 Broyden-Fletcher-Goldfarb-Shanno）
    - costFunction 是自己实现的一个求代价的函数
    - initial_theta 表示初始化的值
    - fprime 指定 costFunction 的梯度
    - args 是其预测参数，以元组的形式传入，最后会将最小化 costFunction 的 theta 返回
    '''
    result = optimize.fmin_bfgs(costFunction, initial_theta, fprime=gradient,
args=(X, y, initial_lambda))
    p = predict(X, result)    # 预测
    print(u'在训练集上的准确度为 %f%%'%np.mean(np.float64(p==y)*100))     # 与真实值比
较，p==y 返回 True，转化为 float
    X = data[:, 0:-1]
    y = data[:, -1]
    plotDecisionBoundary(result, X, y)      # 画决策边界

# 加载 txt 和 csv 文件
def loadtxtAndcsv_data(fileName, split, dataType):
    return np.loadtxt(fileName, delimiter=split, dtype=dataType)

# 加载 npy 文件
def loadnpy_data(fileName):
    return np.load(fileName)

# 显示二维图形
def plot_data(X, y):
```

```python
        pos = np.where(y==1)        # 找到 y==1 的坐标位置
        neg = np.where(y==0)        # 找到 y==0 的坐标位置
        # 作图
        plt.figure(figsize=(15, 12))
        plt.plot(X[pos, 0], X[pos, 1], 'ro')        # red o
        plt.plot(X[neg, 0], X[neg, 1], 'bo')        # blue o
        plt.title(u"两个类别散点图", fontproperties=font)
        plt.show()

# 映射为多项式
def mapFeature(X1, X2):
        degree = 2;                                   # 映射的最高次方
        out = np.ones((X1.shape[0], 1))    # 映射后的结果数组(取代 X)
        '''
        这里以 degree=2 为例,映射为 1, x1, x2, x1^2, x1, x2, x2^2
        '''
        for i in np.arange(1, degree+1):
            for j in range(i+1):
                temp = X1**(i-j)*(X2**j)    # 矩阵直接乘相当于 matlab 中的点乘.*
                out = np.hstack((out, temp.reshape(-1, 1)))
        return out


# 代价函数
def costFunction(initial_theta, X, y, inital_lambda):
        m = len(y)
        J = 0

        h = sigmoid(np.dot(X, initial_theta))    # 计算 h(z)
        theta1 = initial_theta.copy()         # 因为正则化 j=1 从 1 开始,不包含 0,所以复制一份,前 theta(0) 值为 0
        theta1[0] = 0
        temp = np.dot(np.transpose(theta1), theta1)
        J = (-np.dot(np.transpose(y), np.log(h))-np.dot(np.transpose(1-y), np.log(1-h))+temp*inital_lambda/2)/m    # 正则化的代价方程
        return J

# 计算梯度
def gradient(initial_theta, X, y, inital_lambda):
        m = len(y)
        grad = np.zeros((initial_theta.shape[0]))

        h = sigmoid(np.dot(X, initial_theta))# 计算 h(z)
        theta1 = initial_theta.copy()
        theta1[0] = 0
        grad = np.dot(np.transpose(X), h-y)/m+inital_lambda/m*theta1    # 正则化的梯度
        return grad

# S 型函数
def sigmoid(z):
```

```python
        h = np.zeros((len(z), 1))        # 初始化,与 z 的长度一致
        h = 1.0/(1.0+np.exp(-z))
    return h

# 画决策边界
def plotDecisionBoundary(theta, X, y):
    pos = np.where(y==1)        # 找到 y==1 的坐标位置
    neg = np.where(y==0)        # 找到 y==0 的坐标位置
    # 作图
    plt.figure(figsize=(15, 12))
    plt.plot(X[pos, 0], X[pos, 1], 'ro')        # red o
    plt.plot(X[neg, 0], X[neg, 1], 'bo')        # blue o
    plt.title(u"决策边界", fontproperties=font)
    #u = np.linspace(30, 100, 100)
    #v = np.linspace(30, 100, 100)
    u = np.linspace(-1, 1.5, 50)    # 根据具体的数据,这里需要调整
    v = np.linspace(-1, 1.5, 50)
    z = np.zeros((len(u), len(v)))
    for i in range(len(u)):
        for j in range(len(v)):
            z[i, j] = np.dot(mapFeature(u[i].reshape(1, -1), v[j].reshape(1, -1)), theta)        # 计算对应的值,需要 map
    z = np.transpose(z)
    plt.contour(u, v, z, [0, 0.01], linewidth=2.0)        # 画等高线,范围在[0, 0.01],即近似为决策边界
    #plt.legend()
    plt.show()

# 预测
def predict(X, theta):
    m = X.shape[0]
    p = np.zeros((m, 1))
    p = sigmoid(np.dot(X, theta))        # 预测的结果,是个概率值
    for i in range(m):
        if p[i] > 0.5:        # 概率大于 0.5 预测为 1,否则预测为 0
            p[i] = 1
        else:
            p[i] = 0
    return p

# 测试逻辑回归函数
def testLogisticRegression():
    LogisticRegression()
if __name__ == "__main__":
    testLogisticRegression()
```

实验结果(如图 4-3 和图 4-4 所示)如下。

```
[[0.69314718]]
Optimization terminated successfully.
         Current function value: 0.432431
         Iterations: 37
         Function evaluations: 39
         Gradient evaluations: 39
```
在训练集上的准确度为83.050847%

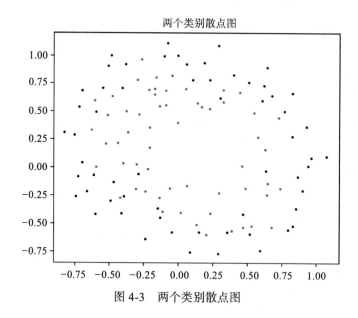

图4-3 两个类别散点图

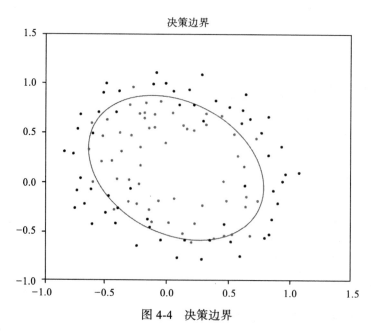

图4-4 决策边界

4.5 算法应用

该应用使用逻辑回归算法对 10×10 的手写数字表格进行预测识别，并且利用真实结果对预测结果进行正确率的计算。应用具体程序代码如下。

```python
#-*- coding: utf-8 -*-
from __future__ import print_function
import numpy as np
import matplotlib.pyplot as plt
import scipy.io as spio
from scipy import optimize
from matplotlib.font_manager import FontProperties
font = FontProperties(fname=r"c:\windows\fonts\simsun.ttc", size=14)    # 解决Windows 环境下画图汉字乱码问题

# 定义逻辑回归算法函数
def logisticRegression_OneVsAll():
    data = loadmat_data("data_digits.mat")
    X = data['X']     # 获取 X 数据，每一行对应一个数字 20x20px
    y = data['y']
    m, n = X.shape
    num_labels = 10 # 数字个数, 0~9
    ## 随机显示几行数据
    rand_indices = [t for t in [np.random.randint(x-x, m) for x in range(100)]]
    # 生成 100 个 0~m 的随机数
    display_data(X[rand_indices, :])      # 显示 100 个数字
    Lambda = 0.1     # 正则化系数
    #y = y.reshape(-1, 1)
    all_theta = oneVsAll(X, y, num_labels, Lambda)   # 计算所有的 theta
    p = predict_oneVsAll(all_theta, X)                # 预测
    # 将预测结果和真实结果保存到文件中
    #res = np.hstack((p, y.reshape(-1, 1)))
    #np.savetxt("predict.csv", res, delimiter=', ')
    print(u" 预测准确度为：%f%%"%np.mean(np.float64(p == y.reshape(-1, 1))*100))

# 加载 mat 文件
def loadmat_data(fileName):
    return spio.loadmat(fileName)

# 显示 100 个数字
def display_data(imgData):
    sum = 0
    '''
        显示 100 个数 ( 若是一个一个绘制将会非常慢，可以将要画的数字整理好，放到一个矩阵中，显示这个矩阵即可）
        - 初始化一个二维数组
        - 将每行的数据调整成图像的矩阵，放进二维数组
        - 显示即可
    '''
```

```python
            pad = 1
            display_array = -np.ones((pad+10*(20+pad), pad+10*(20+pad)))
            for i in range(10):
                for j in range(10):
                    display_array[pad+i*(20+pad):pad+i*(20+pad)+20, pad+j*(20+pad):pad+j
*(20+pad)+20] = (imgData[sum, :].reshape(20, 20, order="F"))    # order=F 指定以列优先，
在 matlab 中是这样的，python 中需要指定，默认以行
                    sum += 1
            plt.imshow(display_array, cmap='gray')    # 显示灰度图像
            plt.axis('off')
            plt.show()

    # 求每个分类的 theta，最后返回所有的 all_theta
    def oneVsAll(X, y, num_labels, Lambda):
        # 初始化变量
        m, n = X.shape
        all_theta = np.zeros((n+1, num_labels))     # 每一列对应相应分类的 theta，共 10 列
        X = np.hstack((np.ones((m, 1)), X))         # X 前补上一列 1 的偏置 bias
        class_y = np.zeros((m, num_labels))          # 数据的 y 对应 0~9，需要映射为 0/1 的关系
        initial_theta = np.zeros((n+1, 1))            # 初始化一个分类的 theta
        # 映射 y
        for i in range(num_labels):
            class_y[:, i] = np.int32(y==i).reshape(1, -1) # 注意 reshape(1, -1) 才可以
赋值
        #np.savetxt("class_y.csv", class_y[0:600, :], delimiter=', ')
        '''遍历每个分类，计算对应的 theta 值'''
        for i in range(num_labels):
            #optimize.fmin_cg
            result = optimize.fmin_bfgs(costFunction, initial_theta, fprime=gradient,
args=(X, class_y[:, i], Lambda))  # 调用梯度下降的优化方法
            all_theta[:, i] = result.reshape(1, -1)    # 放入 all_theta 中
        all_theta = np.transpose(all_theta)
        return all_theta

    # 代价函数
    def costFunction(initial_theta, X, y, inital_lambda):
        m = len(y)
        J = 0
        h = sigmoid(np.dot(X, initial_theta))       # 计算 h(z)
        theta1 = initial_theta.copy()               # 因为正则化 j=1 从 1 开始，不包含 0，所以复制一份，
前 theta(0) 值为 0
        theta1[0] = 0
        temp = np.dot(np.transpose(theta1), theta1)
        J = (-np.dot(np.transpose(y), np.log(h))-np.dot(np.transpose(1-y), np.log(1-
h))+temp*inital_lambda/2)/m     # 正则化的代价方程
        return J

    # 计算梯度
    def gradient(initial_theta, X, y, inital_lambda):
        m = len(y)
```

```python
        grad = np.zeros((initial_theta.shape[0]))
        h = sigmoid(np.dot(X, initial_theta))    # 计算h(z)
        theta1 = initial_theta.copy()
        theta1[0] = 0
        grad = np.dot(np.transpose(X), h-y)/m+inital_lambda/m*theta1  # 正则化的梯度
        return grad

# S型函数
def sigmoid(z):
        h = np.zeros((len(z), 1))         # 初始化，与z的长度一致
        h = 1.0/(1.0+np.exp(-z))
        return h

# 预测
def predict_oneVsAll(all_theta, X):
        m = X.shape[0]
        num_labels = all_theta.shape[0]
        p = np.zeros((m, 1))
        X = np.hstack((np.ones((m, 1)), X))   # 在X最前面加一列1
        h = sigmoid(np.dot(X, np.transpose(all_theta)))   # 预测
        '''
        返回h中每一行最大值所在的列号
        - np.max(h, axis=1)返回h中每一行的最大值（是某个数字的最大概率）
        - 最后where找到的最大概率所在的列号（列号即是对应的数字）
        '''
        p = np.array(np.where(h[0, :] == np.max(h, axis=1)[0]))
        for i in np.arange(1, m):
            t = np.array(np.where(h[i, :] == np.max(h, axis=1)[i]))
            p = np.vstack((p, t))
        return p
if __name__ == "__main__":
    logisticRegression_OneVsAll()
```

实验结果（如图4-5所示）如下。

```
Optimization terminated successfully.
         Current function value: 0.008583
         Iterations: 288
         Function evaluations: 289
         Gradient evaluations: 289
Optimization terminated successfully.
         Current function value: 0.013128
         Iterations: 286
         Function evaluations: 287
         Gradient evaluations: 287
Optimization terminated successfully.
         Current function value: 0.050810
         Iterations: 439
         Function evaluations: 440
         Gradient evaluations: 440
Optimization terminated successfully.
```

```
        Current function value: 0.057612
        Iterations: 424
        Function evaluations: 425
        Gradient evaluations: 425
Optimization terminated successfully.
        Current function value: 0.033075
        Iterations: 396
        Function evaluations: 397
        Gradient evaluations: 397
Optimization terminated successfully.
        Current function value: 0.054466
        Iterations: 433
        Function evaluations: 434
        Gradient evaluations: 434
Optimization terminated successfully.
        Current function value: 0.018265
        Iterations: 362
        Function evaluations: 363
        Gradient evaluations: 363
Optimization terminated successfully.
        Current function value: 0.030653
        Iterations: 362
        Function evaluations: 363
        Gradient evaluations: 363
Optimization terminated successfully.
        Current function value: 0.078457
        Iterations: 456
        Function evaluations: 457
        Gradient evaluations: 457
Optimization terminated successfully.
        Current function value: 0.071193
        Iterations: 440
        Function evaluations: 441
        Gradient evaluations: 441
预测准确度为：96.480000%
```

图 4-5　手写数字预测识别图

4.6 算法的改进与优化

逻辑回归算法因其提出时间较早，随着其他技术的不断更新和完善，逻辑回归算法的诸多不足之处也逐渐显露，因此许多逻辑回归算法的改进算法也应运而生。逻辑回归主要用于非线性分类问题，具体思路是首先对特征向量进行权重分配之后用 sigmoid 函数激活。在这个过程中，容易出现欠拟合与分类和回归精度不高的问题。针对算法以上的不足，算法的改进方向主要分成改进欠拟合和改进分类和回归的精度两方面。

1. 改进欠拟合

欠拟合问题之所以出现是因为特征维度过小，以至于假设函数不足以学习特征和标签之间的非线性关系，所以解决思路是增加特征向量维度，可以按如下方式增加维度。再把增维之后的特征向量输入到假设函数，进行拟合。

$$[x_1 \ x_2] \rightarrow [x_1 \ x_2 \ x_1^2 \ x_2^2]$$

2. 改进分类和回归的精度

逻辑回归算法分类和回归精度不高主要是因为数据特征有缺失或者特征空间很大。为了解决这个问题，可以通过正则化来改善该算法。

在代价函数中，正则化是单独的一项，它使算法更喜欢"简单的"模型。在这种情况下，模型将缩减系数，有助于减少过拟合，提高模型的泛化能力。如果数据并没表现出非常好的线性决策边界，解决这个问题的一种方法是用一种像逻辑回归之类的线性技术从原始特征多项式中分离出构造特征。可以试着创造一些多项式特征反馈到分类器中。

4.7 本章小结

本章主要介绍了机器学习中的逻辑回归算法。首先，简单阐述了算法的思想以及应用领域。其次，以流程图的形式对算法进行整体讲解，然后详细阐述了算法的步骤，进行相关公式的推导，并给出了逻辑回归算法的代码实现。最后，通过使用逻辑回归算法对手写数字表格预测识别，强化读者对算法的理解，并提出对算法的改进与优化。学完本章后，读者应该对逻辑回归算法有深刻的了解，掌握并熟练地使用它。

4.8 本章习题

1. 选择题

（1）逻辑回归分析适用于应变量为（　　）。

A. 正态分布资料　　　　　　　　　　B. 连续型的计量资料

C. 分类值的资料　　　　　　　　　　D. 一般资料

（2）逻辑回归分析属于（　　　）。

A. 概率型非线性回归　　　　　　　　B. 概率型线性回归

C. 非概率型非线性回归　　　　　　　D. 非概率型线性回归

（3）逻辑回归为什么是分类算法？（　　　）

A. 是由于激活函数 softmax 把回归问题转化成了二分类问题

B. 是由于激活函数 sigmoid 把回归问题转化成了二分类问题

C. 是由于激活函数 tanh 把回归问题转化成了二分类问题

D. 是由于激活函数 Relu 把回归问题转化成了二分类问题

2. 填空题

（1）逻辑回归算法是对_____进行预测。

（2）逻辑回归算法使用的激活函数是_____。

（3）逻辑回归算法分类和回归精度不高主要是因为_____。

3. 判断题

（1）逻辑回归算法是回归算法。(　　　)

（2）逻辑回归可以做多值分类。(　　　)

（3）逻辑回归要求自变量和目标变量是线性关系。(　　　)

4. 编程题

假设你是大学的管理人员，你想根据学生们在两门考试中取得的成绩来确定每位学生的入学机会。请你构建 Logistic 回归模型，预测学生是否被大学录取。（数据集下载地址：https://pan.baidu.com/s/1NlhFBnYpNxshumL3rOA2GQ。）

CHAPTER 5

第 5 章

K 最近邻算法

5.1 算法概述

K 最近邻算法（K-Nearest Neighbor，KNN），顾名思义，即由某样本 K 个邻居的类别来推断出该样本的类别。所谓"近朱者赤，近墨者黑"，这句话可以很好地诠释该算法的核心思想。

这里以农场中的鹰为例来进一步解释该算法的思想。一只鹰从小就在农场里长大，不知道自己是什么种类，如果在它生活的环境里恰好有鸡也有鹰，那么它会认为自己是鹰还是鸡呢？如图 5-1 所示，假设圆表示生活在农场中的鹰，正方形表示附近觅食的老鹰，三角形表示农场里的鸡，农场里的鹰会认为自己是鹰还是鸡，取决于这只鹰心中的 K，如果 K 是 3，则由于鸡所占比例为 2/3，那么它会认为自己是鸡；如果 K 是 5，则由于鹰所占比例为 3/5，那么它会认为自己是鹰。

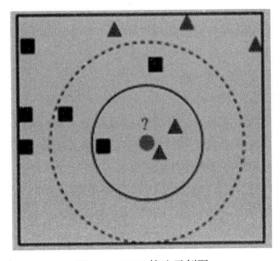

图 5-1　KNN 算法示例图

5.2 算法流程

KNN 模型算法流程图如图 5-2 所示。

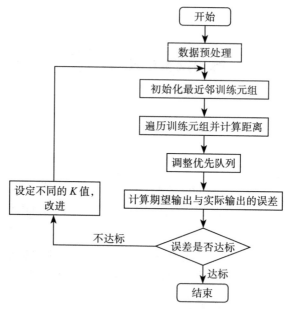

图 5-2　KNN 模型算法流程图

5.3 算法步骤

由于 KNN 方法主要靠周围有限的邻近样本，而不是靠判别类域的方法来确定所属类别，因此对于类域的交叉或重叠较多的待分样本来说，KNN 更加适合。其算法步骤如下：

（1）准备数据，对数据进行预处理。

（2）选用合适的测试元组和合适的数据存储结构训练数据。

（3）维护一个大小为 K、按距离由大到小的优先级队列，用于存储最近邻训练元组。随机从训练元组中选取 K 个元组作为初始的最近邻元组，分别计算测试元组到这 K 个元组的距离，将训练元组标号和距离存入优先级队列。

（4）遍历训练元组集，计算当前训练元组与测试元组的欧氏距离。计算距离所用公式为：

$$L=\sqrt{\sum_{i=1}^{n}(x_i-y_i)^2} \qquad (5-1)$$

之后将所得距离 L 与优先级队列中的最大距离 L_{max} 进行比较。若 $L \geqslant L_{max}$，则舍弃该元组，遍历下一个元组。若 $L < L_{max}$，删除优先级队列中最大距离的元组，将当前训练元组存入优先级队列。

（5）遍历完毕后，计算优先级队列中 K 个元组的多数类，并将其作为测试元组的类别。

（6）测试元组集测试完毕后计算误差率，继续设定不同的 K 值重新进行训练，最后取误差率最小的 K 值。

5.4 算法实例

下面介绍算法的代码实现。通过 KNN 算法计算输入的元素同训练集中的样本的相似度，对输入的数据做出一个分类。

```
from numpy import *
import operator

def createDataSet():
    group = array([[90, 100], [88, 90], [85, 95], [10, 20], [30, 40], [50, 30]])
    # 样本点数据
    labels = ['A', 'A', 'A', 'D', 'D', 'D']
    return group, labels

# 使用 KNN 进行分类
def KNNClassify(newInput, dataSet, labels, k):
    numSamples = dataSet.shape[0] # shape[0] 表示行数

    # 计算欧氏距离
    diff = tile(newInput, (numSamples, 1)) - dataSet # 计算元素属性值的差
    squaredDiff = diff ** 2 # 对差值取平方
    squaredDist = sum(squaredDiff, axis = 1) # 按行求和
    distance = squaredDist ** 0.5

    # 对距离进行排序
    # argsort() 返回按照升序排列的数组的索引
    sortedDistIndices = argsort(distance)

    classCount = {} # 定义字典
    for i in range(k):
        # 选择前 k 个最短距离
        voteLabel = labels[sortedDistIndices[i]]

        # 累计标签出现的次数
        # 如果标签在字典中没有出现的话，get() 会返回 0
        classCount[voteLabel] = classCount.get(voteLabel, 0) + 1

    # 返回得到的投票数最多的分类
    maxCount = 0
```

```
        for key, value in classCount.items():
            if value > maxCount:
                maxCount = value
                maxIndex = key
        return maxIndex


dataSet, labels = createDataSet()

testX = array([15, 50])
k = 3
outputLabel = KNNClassify(testX, dataSet, labels, 3)
print("Your input is:", testX, "and classified to class: ", outputLabel)

testX = array([80, 70])
outputLabel = KNNClassify(testX, dataSet, labels, 3)
print("Your input is:", testX, "and classified to class: ", outputLabel)
```

5.5 算法应用

下载 mnist 数据集并提取数据，使用 KNN 算法，通过计算测试集中的元素同训练集中元素的相似度，通过分类实现手写数字识别，最后显示训练的分类精度。

```
import numpy as np
import os
import gzip
from six.moves import urllib
import operator
from datetime import datetime

SOURCE_URL = 'http://yann.lecun.com/exdb/mnist/'
TRAIN_IMAGES = 'train-images-idx3-ubyte.gz'
TRAIN_LABELS = 'train-labels-idx1-ubyte.gz'
TEST_IMAGES = 't10k-images-idx3-ubyte.gz'
TEST_LABELS = 't10k-labels-idx1-ubyte.gz'

# 下载 mnist 数据集，仿照 tensorflow 的 base.py
def maybe_download(filename, path, source_url):
    if not os.path.exists(path):
        os.makedirs(path)
    filepath = os.path.join(path, filename)
    if not os.path.exists(filepath):
        urllib.request.urlretrieve(source_url, filepath)
    return filepath

# 按 32 位读取，主要是为读校验码、图片数量、尺寸准备的
# 仿照 tensorflow 的 mnist.py
def _read32(bytestream):
```

```python
            dt = np.dtype(np.uint32).newbyteorder('>')
            return np.frombuffer(bytestream.read(4), dtype=dt)[0]

    # 抽取图片,可将图片中的灰度值二值化,按照需求,可将二值化后的数据存成矩阵或者张量
    # 仿照tensorflow中的mnist.py
    def extract_images(input_file, is_value_binary, is_matrix):
        with gzip.open(input_file, 'rb') as zipf:
            magic = _read32(zipf)
            if magic !=2051:
                raise ValueError('Invalid magic number %d in MNIST image file: %s' % (magic, input_file.name))
            num_images = _read32(zipf)
            rows = _read32(zipf)
            cols = _read32(zipf)
            print(magic, num_images, rows, cols)
            buf = zipf.read(rows * cols * num_images)
            data = np.frombuffer(buf, dtype=np.uint8)
            if is_matrix:
                data = data.reshape(num_images, rows*cols)
            else:
                data = data.reshape(num_images, rows, cols)
            if is_value_binary:
                return np.minimum(data, 1)
            else:
                return data

    # 抽取标签
    # 仿照tensorflow中的mnist.py
    def extract_labels(input_file):
        with gzip.open(input_file, 'rb') as zipf:
            magic = _read32(zipf)
            if magic != 2049:
                raise ValueError('Invalid magic number %d in MNIST label file: %s' % (magic, input_file.name))
            num_items = _read32(zipf)
            buf = zipf.read(num_items)
            labels = np.frombuffer(buf, dtype=np.uint8)
            return labels

    # 一般的KNN分类,跟全部数据同时计算一般距离,然后找出最小距离的k张图,并找出这k张图片的标签,
    # 标签占比最大的为newInput的label
    def KNNClassify(newInput, dataSet, labels, k):
        numSamples = dataSet.shape[0] # shape[0] stands for the num of row
        init_shape = newInput.shape[0]
        newInput = newInput.reshape(1, init_shape)
        #np.tile(A, B): 重复A B次
        #print np.tile(newInput, (numSamples, 1)).shape
        diff = np.tile(newInput, (numSamples, 1)) - dataSet # Subtract element-wise
        squaredDiff = diff ** 2 # squared for the subtract
        squaredDist = np.sum(squaredDiff, axis = 1) # sum is performed by row
        distance = squaredDist ** 0.5
```

```python
        sortedDistIndices = np.argsort(distance)

        classCount = {} # define a dictionary (can be append element)
        for i in range(k):
            ## choose the min k distance
            voteLabel = labels[sortedDistIndices[i]]

            ## count the times labels occur
            # when the key voteLabel is not in dictionary classCount, get()
            # will return 0
            classCount[voteLabel] = classCount.get(voteLabel, 0) + 1

        ## the max voted class will return
        maxCount = 0
        maxIndex = 0
        for key, value in classCount.items():
            if value > maxCount:
                maxCount = value
                maxIndex = key

        return maxIndex

maybe_download('train_images', 'data/mnist', SOURCE_URL+TRAIN_IMAGES)
maybe_download('train_labels', 'data/mnist', SOURCE_URL+TRAIN_LABELS)
maybe_download('test_images', 'data/mnist', SOURCE_URL+TEST_IMAGES)
maybe_download('test_labels', 'data/mnist', SOURCE_URL+TEST_LABELS)

def testHandWritingClass():
    ## step 1: load data
    print ("step 1: load data...")
    train_x = extract_images('data/mnist/train_images', True, True)
    train_y = extract_labels('data/mnist/train_labels')
    test_x = extract_images('data/mnist/test_images', True, True)
    test_y = extract_labels('data/mnist/test_labels')

    ## step 2: training...
    print ("step 2: training...")
    pass

    ## step 3: testing
    print ("step 3: testing...")
    a = datetime.now()
    numTestSamples = test_x.shape[0]
    matchCount = 0
    test_num = int(numTestSamples/10)
    for i in range(test_num):
        predict = KNNClassify(test_x[i], train_x, train_y, 3)
        if predict == test_y[i]:
            matchCount += 1
        if i % 100 == 0:
            print (" 完成%d张图片 "%(i))
```

```
        accuracy = float(matchCount) / test_num
        b = datetime.now()
        print(" 一共运行了 %d 秒 "%((b-a).seconds))

        ## step 4: show the result
        print ("step 4: show the result...")
        print ('The classify accuracy is: %.2f%%' % (accuracy * 100))

if __name__ == '__main__':
    testHandWritingClass()
```

程序执行结果如下。

```
step 1: load data...
2051 60000 28 28
2051 10000 28 28
step 2: training...
step 3: testing...
完成 0 张图片
完成 100 张图片
完成 200 张图片
完成 300 张图片
完成 400 张图片
完成 500 张图片
完成 600 张图片
完成 700 张图片
完成 800 张图片
完成 900 张图片
一共运行了 230 秒
step 4: show the result...
The classify accuracy is: 96.20%
```

5.6 算法的改进与优化

KNN 算法因其提出时间较早，随着其他技术的不断更新和完善，KNN 算法的诸多不足之处也逐渐显露，因此许多针对 KNN 算法的改进算法也应运而生。

1. 引入邻居权值

为了优化 KNN 的分类效果，可以在其中引入权值机制作为对样本距离机制的补充。基本思想是：为与测试样本距离更小的邻居设置更大的权值，衡量权值累积以及训练样本集中各种分类的样本数目，来对算法中的 K 值进行调整，进而达到更合理或者平滑的分类效果。

2. 特征降维与模式融合

KNN 算法的主要缺点是，当训练样本数量很大时将导致很高的计算开销。为了对

KNN 的分类效率进行优化，可以在数据预处理阶段利用一些降维算法或者使用特征融合算法，对 KNN 训练样本集的维度进行简化，排除对分类结果影响较小的属性。通过优化训练样本集的分类，提高得出待分类样本类别的效率。该改进经常在类域的样本容量比较大时使用。

5.7 本章小结

在本章中，我们学习了一个监督学习算法——K 最近邻（K-Nearest Neighbor，KNN）算法，KNN 是懒惰学习算法的典型例子。说它具有惰性不是因为它看起来简单，而是因为它仅仅对训练数据集有记忆功能，不是通过训练模型来进行预测，而更多的是通过计算来完成，KNN 算法使得我们在分类领域可以尝试另外一种方式。

传统的 KNN 算法对于分类效果和效率来说存在一些不足，对此，本章也提出了两条对算法的改进和优化：为了优化 KNN 的分类效果，可以在其中引入权值机制作为对样本距离机制的补充；为了对 KNN 的分类效率进行优化，可以在数据预处理阶段利用一些降维算法或者使用特征融合算法，对 KNN 训练样本集的维度进行简化。

5.8 本章习题

1. 选择题

（1）一般情况下，KNN 方法在（　　）情况下效果最好。
  A. 样本较多但典型性不好　　　　B. 样本较少但典型性好
  C. 样本呈团状分布　　　　　　　D. 样本呈链状分布

（2）以下关于 KNN 的说法中，错误的是（　　）。
  A. 一般使用投票法进行分类任务　　B. KNN 属于懒惰学习
  C. KNN 训练时间普遍偏长　　　　　D. 距离计算方法不同，效果也可能有显著差别

2. 简答题

（1）简述 KNN 最近邻分类算法的过程。

（2）简述 KNN 中的 K 值是如何选取的。

CHAPTER 6

第 6 章

PCA 降维算法

6.1 算法概述

主成分分析（Principal Component Analysis，PCA）或者主元分析是一种掌握事物主要矛盾的统计分析方法，它可以从多元事物中解析出主要影响因素，揭示事物的本质，简化复杂的问题。在理解特征提取与处理时，涉及高维特征向量的问题往往容易陷入维度灾难。随着数据集维度的增加，算法学习需要的样本数量呈指数级增加。在有些应用中，遇到这样的大数据是非常不利的，而且从大数据集中学习需要更多的内存和处理能力。另外，随着维度的增加，数据的稀疏性会越来越高。在高维向量空间中探索同样的数据集比在同样稀疏的数据集中探索更加困难。

PCA 将数据投射到一个低维子空间实现降维。例如，二维数据集降维就是把点投射成一条线，数据集的每个样本都可以用一个值表示，不需要两个值。三维数据集可以降成二维，就是把变量映射成一个平面。一般情况下，n 维数据集可以通过映射降成 k 维子空间，其中 $k<n$。

假如你是养花工具宣传册的摄影师，你正在拍摄一个水壶。水壶是三维的，但是照片是二维的，为了更全面地把水壶展示给客户，你需要从不同的角度拍几张图片。图 6-1 是你从 4 个方向拍摄的照片。

图 6-1 从不同角度拍摄的水壶

第一幅图里可以看到水壶的背面，但是看不到前面。第二幅图拍的是水壶的前面，可以看到壶嘴，这幅图提供了第一幅图缺失的信息，但是看不到壶把。从第三幅俯视图里无法看出壶的高度。第四幅图才是真正想要的，水壶的高度、顶部、壶嘴和壶把都清晰可见。PCA 的设计理念与此类似，它可以在将高维数据集映射到低维空间的同时，尽可能地保留更多变量。

计算主成分的目的是将高维数据投影到较低维空间。对数据进行降维有很多原因，比如：使得数据更易显示，更易懂；降低很多算法的计算开销；去除噪声。

PCA 算法经常被用来进行数据降维、有损数据压缩、特征抽取和数据可视化。在人口统计学、数量地理学、分子动力学模拟、数学建模、数理分析等学科中均有应用，是一种常用的多变量分析方法。

6.2 算法流程

主成分分析算法的流程如图 6-2 所示。

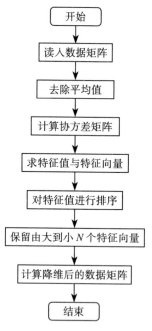

图 6-2 主成分分析算法流程图

6.3 算法步骤

6.3.1 内积与投影

下面先来看一个高中就学过的向量运算：内积。两个维数相同的向量的内积被定义为：

$$(a_1, a_2, \cdots, a_n)^T \cdot (b_1, b_2, \cdots, b_n)^T = a_1b_1 + a_2b_2 + \cdots + a_nb_n$$

内积运算将两个向量映射为一个实数。其计算方式非常容易理解，但是其意义并不明显。下面我们分析内积的几何意义。假设 A 和 B 是两个 n 维向量，我们知道 n 维向量可以等价表示为 n 维空间中的一条从原点发射的有向线段，为了简单起见，假设 A 和 B 均为二维向量，则 $A=(x1, y1)$，$B=(x2, y2)$，则在二维平面上 A 和 B 可以用两条发自原点的有向线段表示，如图 6-3 所示。

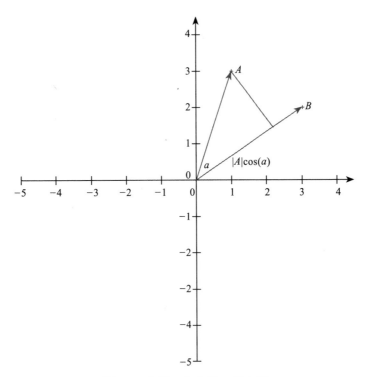

图 6-3　向量 A 与向量 B 的内积

现在从 A 点向 B 点所在直线引一条垂线。我们知道垂线与 B 的交点叫作 A 在 B 上的投影，再设 A 与 B 的夹角是 a，则投影的矢量长度为 $|A|\cos(a)$，A 与 B 的内积等于 A 到 B 的投影长度乘以 B 的模。再进一步，如果假设 B 的模为 1，即让 $||B||=1$，那么就变成了：$A \cdot B = |A|\cos(a)$。也就是说，设向量 B 的模为 1，则 A 与 B 的内积值等于 A 向 B 所在直线投影的矢量长度。

一般地，如果我们有 M 个 n 维向量，想将其变换到由 M 个 R 维向量表示的新空间中，那么首先将 R 个基按行组成矩阵 A，然后将向量按列组成矩阵 B，那么两矩阵的乘积 AB 就是变换结果，其中 AB 的第 m 列为 A 中第 m 列变换后的结果。

对应数学表达：

$$\begin{pmatrix} p_1 \\ p_2 \\ \vdots \\ p_R \end{pmatrix} \begin{pmatrix} a_1 & a_2 & \cdots & a_M \end{pmatrix} = \begin{pmatrix} p_1 a_1 & p_1 a_2 & \cdots & p_1 a_M \\ p_2 a_1 & p_2 a_2 & \cdots & p_2 a_M \\ \vdots & \vdots & & \vdots \\ p_R a_1 & p_R a_2 & \cdots & p_R a_M \end{pmatrix}$$

其中 P_i 是一个行向量，表示第 i 个基，a_i 是一个列向量，表示第 i 个原始数据记录。

上述分析同时给矩阵相乘找到了一种物理解释：两个矩阵相乘的意义是，将右边矩阵中的每一列列向量变换到左边矩阵中每一行行向量为基所表示的空间中去。这种操作便是降维。

6.3.2 方差

根据上面的分析，可以得出：只要找出合适的 $p_1, p_2, \cdots, p_R$，就可以实现对特征矩阵的投影，从而实现降维。为了便于分析，假设此处数据均已做中心化处理（去均值）。那么如何选择这个方向（或者说基）以尽量保留最多的原始信息呢？一种直观的看法是：希望投影后的投影值尽可能分散。而这种分散程度，可以用数学上的方差来表述。此处，一个字段的方差可以看作每个元素与字段均值的差的平方和的均值，即

$$\text{Var}(a) = \frac{1}{m} \sum_{i=1}^{m} (a_i - u)^2$$

由于上面已经将每个字段的均值都化为 0 了，因此方差可以直接用每个元素的平方和除以元素个数表示：

$$\text{Var}(a) = \frac{1}{m} \sum_{i=1}^{m} a_i^2$$

6.3.3 协方差

对于二维降成一维的问题来说，找到那个使得方差最大的方向就可以了。不过对于更高维，还有一个问题需要解决。考虑三维降到二维问题，与之前相同，首先希望找到一个方向使得投影后方差最大，这样就完成了第一个方向的选择，继而选择第二个投影方向。

如果还是单纯只选择方差最大的方向，很明显，这个方向与第一个方向应该是"几乎重合在一起"，显然这样的维度是没有用的，因此，应该有其他约束条件。从直观上说，让两个字段尽可能表示更多的原始信息，我们是不希望它们之间存在（线性）相关性的，因为相关性意味着两个字段不是完全独立的，必然存在重复表示的信息。由于已经让每个字段均值为 0，则

$$\text{cov}(a,b) = \frac{1}{m} \sum_{i=1}^{m} a_i b_i$$

当协方差为 0 时，表示两个字段完全独立。为了让协方差为 0，选择第二个基时，只能在与第一个基正交的方向上选择。因此最终选择的两个方向一定是正交的。

至此，我们得到了降维问题的优化目标：将一组 n 维向量降为 k 维（$0 < k < n$），其目标是选择 k 个单位（模为 1）正交基，使得原始数据变换到这组基上后，各字段两两间协方差为 0，而字段的方差则尽可能大（在正交的约束下，取最大的 k 个方差）。

6.3.4 协方差矩阵

我们看到，最终要达到的目的与字段内方差及字段间协方差有密切关系。因此我们希望能将两者统一表示，仔细观察发现，两者均可以表示为内积的形式，而内积又与矩阵相乘密切相关。于是我们来了灵感：假设只有 a 和 b 两个字段，那么将它们按列组成矩阵 X：

$$\begin{pmatrix} a_1 & a_2 & \cdots & a_m \\ b_1 & b_2 & \cdots & b_m \end{pmatrix}$$

然后用 X 乘以 X 的转置，并乘上系数 $1/m$，

$$\frac{1}{m}XX^{\mathrm{T}} = \begin{pmatrix} \frac{1}{m}\sum_{i=1}^{m} a_i^2 & \frac{1}{m}\sum_{i=1}^{m} a_i b_i \\ \frac{1}{m}\sum_{i=1}^{m} a_i b_i & \frac{1}{m}\sum_{i=1}^{m} b_i^2 \end{pmatrix}$$

发现这个矩阵对角线上的两个元素分别是两个字段的方差，而其他元素是 a 和 b 的协方差。两者被统一到了一个矩阵。根据矩阵相乘的运算法则，这个结论很容易被推广到一般情况。

设我们有 m 个 n 维数据记录，将其按列排成 $n \times m$ 的矩阵 X，设 $C = \frac{1}{m}XX^{\mathrm{T}}$，则 C 是一个对称矩阵，其对角线分别是各个字段的方差，而第 i 行 j 列和第 j 行 i 列元素相同，表示 i 和 j 两个字段的协方差。

6.3.5 协方差矩阵对角化

根据上述推导，我们发现要达到优化目标，等价于将协方差矩阵对角化，即除对角线外的其他元素化为 0，并且在对角线上将元素按大小从上到下排列，这样就达到了优化目的。这样说可能还不是很明晰，我们进一步看看原矩阵与基变换后矩阵协方差矩阵的关系。

设原始数据矩阵 X 对应的协方差矩阵为 C，而 P 是一组基按行组成的矩阵，设 $Y=PX$，则 Y 为 X 对 P 做基变换后的数据。设 Y 的协方差矩阵为 D，推导一下 D 与 C 的关系：

$$D = \frac{1}{m}YY^{\mathrm{T}}$$
$$= \frac{1}{m}(PX)(PX)^{\mathrm{T}}$$
$$= \frac{1}{m}PXX^{\mathrm{T}}P^{\mathrm{T}}$$
$$= P\left(\frac{1}{m}XX^{\mathrm{T}}\right)P^{\mathrm{T}}$$
$$= PCP^{\mathrm{T}}$$

现在事情很明白了！我们要找的 P 不是别的，而是能让原始协方差矩阵对角化的 P。换句话说，优化目标变成了寻找一个矩阵 P，满足 PCP^{T} 是一个对角矩阵，并且对角元素按从大到小依次排列，那么 P 的前 k 行就是要寻找的基，用 P 的前 k 行组成的矩阵乘以 X 就使得 X 从 n 维降到了 k 维并满足上述优化条件。

现在所有的焦点都聚焦在了协方差矩阵对角化问题上，由上文知道，协方差矩阵 C 是一个实对称矩阵，在线性代数上，实对称矩阵有一系列非常好的性质：

（1）实对称矩阵不同特征值对应的特征向量必然正交。

（2）设特征向量 λ 重数为 r，则必然存在 r 个线性无关的特征向量对应于 λ，因此可以将这 r 个特征向量单位正交化。

由上面两条可知，一个 n 行 n 列的实对称矩阵一定可以找到 n 个单位正交的特征向量，设这 n 个特征向量为 $(e_1, e_2, \cdots, e_n)$，我们将其按列组成矩阵：

$$E = (e_1, e_2, \cdots, e_n)$$

则对协方差矩阵 C 有如下结论：

$$E^{\mathrm{T}}CE = \Lambda$$

其中 Λ 为对角矩阵，其对角元素为各特征向量对应的特征值（可能有重复）。

到这里，我们发现已经找到了需要的矩阵 P（其中 $P = E^{\mathrm{T}}$）。P 是协方差矩阵的特征向量单位化后按行排列出的矩阵，其中每一行都是 C 的一个特征向量。如果设 P 按照 Λ 中特征值从大到小的顺序，将特征向量从上到下排列，则用 P 的前 k 行组成的矩阵乘以原始数据矩阵 X，就得到了降维后的数据矩阵 Y。

PCA 算法的主要优点有：

（1）仅仅需要以方差衡量信息量，不受数据集以外的因素影响。

（2）各主成分之间正交，可消除原始数据成分间的相互影响的因素。

（3）计算方法简单，主要运算是特征值分解，易于实现。

PCA 算法的主要缺点有：

（1）主成分各个特征维度的含义具有一定的模糊性，不如原始样本特征的解释性强。

（2）方差小的非主成分也可能含有对样本差异的重要信息，降维丢弃的数据可能对后续数据处理有影响。

综上所述，PCA 的算法步骤如下：

（1）将原始数据按列组成 n 行 m 列的矩阵 X；
（2）将 X 的每一行（代表一个属性字段）进行零均值化，即减去这一行的均值；
（3）求出协方差矩阵；
（4）求出协方差矩阵的特征值及对应的特征向量 r；
（5）将特征向量按对应特征值大小从上到下按行排列成矩阵，取前 k 行组成矩阵 P；
（6）计算降维到 k 维的数据。

6.4 算法实例

通过下面实例介绍 PCA 算法的代码实现过程，具体程序如下。

```
from math import *
import random as rd
import numpy as np
import matplotlib as mpl
import matplotlib.pyplot as plt
from mpl_toolkits.mplot3d import Axes3D
""" 矩阵 dataMat 为原始数据集，dataMat 中每一行代表一个样本，每一列代表同一个特征。
    零均值化就是求每一列的平均值，然后该列上的所有数都减去这个均值，也就是说，这里的零均值化是对每
一个特征而言的，零均值化后每个特征的均值变为 0。
    numpy.mean()用来求均值，axis=0 表示按列求均值。该函数返回两个变量，newData 是零均值化后的数
据，meanVal 是每个特征的均值，是给后面重构数据用的。
"""
def zeroMean(dataMat):
    # 按列求平均值，即求各个特征的均值
    meanVal = np.mean(dataMat, axis = 0)# 计算该轴上的统计值(0 为列，1 为行)
    newData = dataMat - meanVal
    return newData, meanVal
def pca(dataMat, percent=0.19):
    ''' 求协方差矩阵。
     若 rowvar=0，说明传入的数据一行代表一个样本，若非 0，说明传入的数据一列代表一个样本。因为
newData 每一行代表一个样本，所以将 rowvar 设置为 0。'''
    """ 求协方差矩阵，NumPy 中的 cov 函数用于求协方差矩阵，参数 rowvar 很重要，若 rowvar=0，说
明传入的数据一行代表一个样本，若非 0，说明传入的数据一列代表一个样本。
    因为 newData 每一行代表一个样本，所以将 rowvar 设置为 0。
    covMat 即所求的协方差矩阵。
    """
    newData, meanVal=zeroMean(dataMat)
    covMat=np.cov(newData, rowvar=0)
    """NumPy 中的线性代数模块 linalg 中的 eig 函数用来计算特征向量，np.mat()将列表矩阵化。
     eigVals 存放特征值，行向量 eigVects 存放特征向量，每一列代表一个特征向量。
```

```python
            特征值和特征向量是一一对应的。"""
        eigVals, eigVects = np.linalg.eig(np.mat(covMat))
        n=percentage2n(eigVals, percent)    #要达到percent的方差百分比,需要前n个特征向量
        print(str(n) + u'vectors')
        #u表示unicode字符串,通常不带u,但是中文,必须标明所需编码,否则会出现乱码
        #print(str(n))
        """保留主要成分:即保留值比较大的前n个特征。
            前面已经得到了特征向量eigVals,假设里面有m个特征值,我们可以对其排序,排在前面的n特征值
所对应的特征向量就是我们要保留的,它们组成了新的特征空间的一组基n_eigVect,
            将零均值化后的数据乘以n_eigVect就可以得到降维后的数据。
            reconMat是重构的数据。
        """
        eigValIndice=np.argsort(eigVals)                    #对特征值从小到大排序
        n_eigValIndice=eigValIndice[-1:-(n+1):-1]           #最大的n个特征值的下标
        n_eigVect=eigVects[:, n_eigValIndice]               #最大的n个特征值对应的特征向量
        lowDDataMat=newData * n_eigVect                     #低维特征空间的数据
        reconMat=(lowDDataMat * n_eigVect.T) + meanVal      #重构数据
        return reconMat, lowDDataMat, n
"""通过方差百分比来确定n,函数传入参数是percentage和特征向量,然后根据百分比确定n
"""
def percentage2n(eigVals, percentage):
    sortArray=np.sort(eigVals)      #升序
    sortArray=sortArray[-1::-1]     #逆转,即降序
    arraySum=sum(sortArray)
    tmpSum=0
    num=0
    for i in sortArray:
        tmpSum += i
        num += 1
        if tmpSum >= arraySum * percentage:
            return num
"""
    subplot(numRows, numCols, plotNum)
    subplot将整个绘图区等分为numRows行*numCols列个子区域,然后按照从左到右、从上到下的顺序对
每个子区域进行编号,左上的子区域编号为1,如果这三个数都小于10的话,可以缩写为一个整数。
    subplot在plotNum指定的区域中创建一个轴对象,如果新创建的轴和之前创建的轴重叠的话,之前的轴
将被删除。
"""
if __name__ == '__main__':
    data = np.random.randint(1, 20, size = (6, 8))
    print(data)  #输出原始数据
    fin = pca(data, 0.9)
    mat =fin[1]
    print(mat)
```

实验结果如下。

```
[[ 7  8  6  5  7  1  7  5]
 [ 4  9  1  7  3  8  5  8]
 [ 1  8  2  9  4  5  7  1]
```

```
[4 6 6 7 4 9 7 6]]
3vectors
[[ 6.80803178+0.j   0.60777475+0.j   0.6846993 +0.j]
 [-3.60874652+0.j   2.53792912+0.j   2.8676409 +0.j]
 [-1.59825295+0.j  -5.5338195 +0.j  -0.09964571+0.j]
 [-1.60103231+0.j   2.38811563+0.j  -3.4526945 +0.j]]
```

6.5 算法应用

上一节介绍了 PCA 算法本身的实现过程，在本实例中通过调用 sklearn 库中的 PCA 类，实现对鸢尾花这个四维数据集进行降维，并对降维后的数据根据不同的类别用不同的颜色显示在二维坐标系中。具体程序如下。

```python
import matplotlib.pyplot as plt
from sklearn.decomposition import PCA
from sklearn.datasets import load_iris
data = load_iris()    # 加载鸢尾花数据
y = data.target
X = data.data
#print(X)
#print(y)
pca = PCA(n_components=2) # 设置要降的维度为 2
# 用 X 来训练 PCA 模型，同时返回降维后的数据
reduced_X = pca.fit_transform(X)
#print(reduced_X)
red_x, red_y = [], []
blue_x, blue_y = [], []
green_x, green_y = [], []
"""
对于不同的类别用不同颜色加以区分显示
"""
for i in range(len(reduced_X)):
    if y[i] == 0:
        red_x.append(reduced_X[i][0])
        red_y.append(reduced_X[i][1])
    elif y[i] == 1:
        blue_x.append(reduced_X[i][0])
        blue_y.append(reduced_X[i][1])
    else:
        green_x.append(reduced_X[i][0])
        green_y.append(reduced_X[i][1])
plt.scatter(red_x, red_y, c='r', marker='x')
plt.scatter(blue_x, blue_y, c='b', marker='D')
plt.scatter(green_x, green_y, c='g', marker='.')
plt.show()
```

实验结果如下。

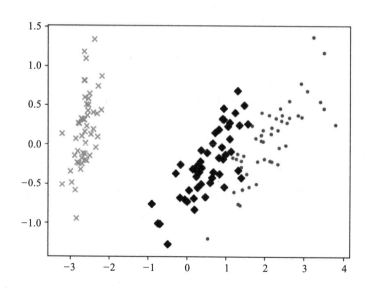

6.6 算法的改进与优化

PCA 是一种线性特征提取算法,通过计算将一组特征按重要性从小到大重新排列得到一组互不相关的新特征,但该算法在构造子集的过程中采用等权重的方式,忽略了不同属性对分类的贡献是不同的。基于这一缺陷,提出了一种把属性加权和 PCA 相结合的算法,通过最小化加权子空间与分类标记的距离得到各属性的权重值。得到的权重值反映了各属性对分类贡献的大小,这样生成的特征子集更有利于分类,实验结果表明,改进后的算法分类性能优于 PCA 算法。

(1) KPCA 算法。

KPCA 是一种改进的 PCA 非线性降维算法,它利用核函数的思想,把样本数据进行非线性变换,然后在变换空间进行 PCA,这样就实现了非线性 PCA。

(2) 局部 PCA 算法。

局部 PCA 是一种改进的 PCA 局部降维算法,它在寻找主成分时加入一项具有局部光滑性的正则项,从而使主成分保留更多的局部性信息。

6.7 本章小结

本章主要介绍了机器学习中的主成分分析算法。首先,简单介绍了算法思想以及应用领域。其次,以流程图的形式对算法进行整体讲解。然后详细阐述了算法的步骤,进行了相关公式的推导,并给出了 PCA 降维算法的代码实现。最后,通过使用算法对鸢尾花这个四维数据集进行降维,并对降维后的数据根据不同的类别用不同的颜色显示在二维坐标系中,强化读者对算法的理解,并提出对算法的改进与优化。学完本章后,读者应该对 PCA 降维算法有深刻的理解,并能够在实际问题中熟练地应用它。

6.8 本章习题

1. 选择题

(1) 下面关于主成分分析(PCA)的描述错误的是( )。

　　A. 它是一种非线性的方法

　　B. 它是一种对数据集降维的方法

　　C. 它将一组可能相关的变量变换为同样数量的不相关的变量

　　D. 它的第一个主成分尽可能大地反映数据中的发散性

(2) 做探索性因子分析时,若使用 PCA,以下关于特征根的描述正确的是( )。

　　A. 通常提取特征根大于 1 的因素

　　B. 通常提取特征根小于 1 的因素

　　C. 特征根是判断因子提取的唯一标准

　　D. 累积贡献率,是判断因子提取的唯一标准

(3) 对于 PCA 说法不正确的是( )。

　　A. PCA 算法是用较少数量的特征对样本进行描述以达到降低特征空间维数的方法

　　B. PCA 是最小绝对值误差意义下的最优正交变换

　　C. PCA 算法通过对协方差矩阵做特征分解获得最优投影子空间,来消除模式特征之间的相关性、突出差异性

　　D. 我们可以使用 PCA 在低维度上进行数据可视化

(4) 对于 PCA 说法不正确的是( )。

　　A. 在使用 PCA 前必须规范化数据

　　B. 我们应该选择使得模型有最大方差的主成分

　　C. 我们应该选择使得模型有最小方差的主成分

　　D. PCA 是一种确定性算法

2. 编程题

　　编写代码,实现数据集的降维。

CHAPTER 7

第 7 章

k-means 算法

7.1 算法概述

在介绍本章之前,我们首先区分一下聚类与分类。

在日常生活中,我们会对生活垃圾进行各种分类,比如可回收垃圾、厨余垃圾、有害垃圾等,垃圾处理时的"可回收""有害"等关键字就是分类的依据。在计算机进行数据处理时,用于分类的关键字被称为标签,通过数据中的标签进行划分就是我们所说的分类算法。那么,如果垃圾本身没有可以记录的标签呢?计算机会根据相似性原则将数据归为数类,这种基于无标签的分类就是聚类算法。

本章介绍的 k-means 算法是一种基于样本间相似性度量的聚类算法,即将数据点到原型的某种距离作为优化的目标函数。举个例子:现在政府要给一个村里装 k 个信箱,为了使居民的便捷性最大化,该选取在什么位置安装呢?首先我们随机选择 k 个住户,在他们的家门口装上信箱,标号 $1\sim k$,对于剩下的没有信箱的住户,如果要寄信的话,把信投到哪个信箱呢?当然是找信箱中距离最近的那个。最终每个信箱都对应几个住户。那么问题出现了:对于几个住户共同使用的公共资源,如果原来信箱安装的位置刚好是这几个住户里最角落的位置,肯定会引起大部分住户的不满,那么此时就要考虑移动信箱位置,即把信箱放在一个距离每个住户都差不多远的位置。现在 k 个信箱的位置变化了,对于每个住户来说,可能之前距离比较远的信箱现在反而成了最近的,那么他们在选择寄信的时候肯定选择近的信箱。依次不断更新信箱位置,最终每个信箱的位置都不需要再移动,安装也就完成了。

7.2 算法流程

k-means 算法的流程图如图 7-1 所示。

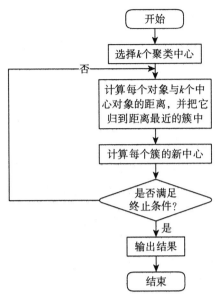

图 7-1 k-means 算法流程图

7.3 算法步骤

7.3.1 距离度量

k-means 算法采用距离作为相似性的评价指标，认为簇由靠近的对象组成，因此两个对象的距离越近，则其相似度越大。而不同的距离量度会对聚类的结果产生影响，常见的距离量度如下所示。

欧式距离：

$$d_{12} = \sqrt{(x_1 - x_2)^2 + (y_1 - y_2)^2}$$

曼哈顿距离：

$$d_{12} = |x_1 - x_2| + |y_1 - y_2|$$

切比雪夫距离：

$$d_{12} = \max(|x_1 - x_2|, |y_1 - y_2|)$$

余弦距离：

$$\cos\theta = \frac{x_1 x_2 + y_1 y_2}{\sqrt{x_1^2 + y_1^2}\sqrt{x_2^2 + y_2^2}}$$

Jaccard 相关系数：

$$J(A,B) = \frac{|A \cap B|}{A \cup B}$$

相关系数：

$$\rho_{XY} = \frac{\mathrm{Cov}(X,Y)}{\sqrt{D(X)}\sqrt{D(Y)}} = \frac{E((X-EX)(Y-EY))}{\sqrt{D(X)}\sqrt{D(Y)}}$$

本章采用欧式距离计算数据点之间的距离，使用误差平方和（Sum of the Squared Error，SSE）作为聚类的目标函数。该算法的最终目标是得到紧凑且独立的簇，因此两次运行 k-means 算法产生的两个不同的簇类中，SSE 较小的那个簇类更优。

$$\mathrm{SSE} = \sum_{i=1}^{k} \sum_{x \in C_i} \mathrm{dist}(c_i, x)^2$$

k 表示聚类中心个数，c_i 表示第几个聚类中心点，dist 表示欧几里得距离。

7.3.2 算法核心思想

将 N 个样本 $\{x_1,\cdots,x_N\}$ 划分到 k 个类 $\{C_1,\cdots,C_k\}$ 中，最小化目标函数

$$\mathrm{SSE} = \sum_{j=1}^{k} \sum_{x_i \in C_j}^{N} \mathrm{dist}(c_j, x_i)^2$$

其中 $c_1,\cdots,c_k$ 是 $C_1,\cdots,C_k$ 的质心，x_i 是划分到类 C_j 中的样本。

（1）从 N 个数据对象任意选择 k 个对象作为初始聚类中心，记作：

$c_1^{(0)}, c_2^{(0)}, \cdots, c_k^{(0)}$，其中上标 $t=0$ 表示第 0 次迭代

（2）对待分类的模式特征向量集 $\{x_i\}$ 中的模式逐个按最小距离原则划分给 k 类中的某一类，即

如果 $\mathrm{dist}(c_l^{(t)}, x_i)^2 = \min\left[\mathrm{dist}(c_j^{(t)}, x_i)^2\right]$，其中 $i=1, 2, \cdots, N$；$j=1, 2, \cdots, k$，则 $x_i \in C_l^{(t+1)}$

（3）重新计算每个（有变化）聚类的均值：

$$c_j^{(t+1)} = \frac{1}{n_j^{(t+1)}} \sum_{x_i \in C_j^{(t+1)}} x_i, j=1,2,\cdots,k$$

在这里就为什么要取簇中各点的均值作为下一状态的质心做出以下说明。

对第 k 个质心求解，最小化目标函数，即对 SSE 求导，令导数为 0，并求解 c_j，如下所示：

$$\frac{\partial}{\partial c_k}\text{SSE} = \frac{\partial}{\partial c_k}\sum_{i=1}^{K}\sum_{x\in C_i}(c_i-x)^2$$

$$=\sum_{i=1}^{K}\sum_{x\in C_i}\frac{\partial}{\partial c_k}(c_i-x)^2$$

$$=\sum_{x\in C_k}(c_k-x_k)=0$$

$$\sum_{x\in C_k}(c_k-x_k)=0 \Rightarrow n_k c_k = \sum_{x\in C_i}x_k \Rightarrow c_k = \frac{1}{n_k}\sum_{x\in C_i}x_k$$

因此，簇的最小化 SSE 的最佳质心是簇中各点的均值。

（4）循环（2）、（3），直到每个聚类不再发生变化为止，即

如果 $c_j^{(t+1)} = c_j^{(t)}, j=1,2,\cdots,k$，则表示结束，否则令 $t=t+1$，返回（2）

7.3.3 初始聚类中心的选择

确定初始簇类中心点最简单和最传统的方法是随机选择 k 个点作为初始的簇类中心点，但是该方法在有些情况下会陷入局部收敛，下面介绍几种常用的初始聚类中心的选取方法。

（1）凭经验。

（2）将数据随机分成 k 类，计算每类中心，作为初始聚类中心。

（3）求以每个特征点为球心、某一正数 r 为半径的球形区域中的特征点个数（即该特征点的密度），选取密度最大的特征点为第一个初始聚类中心，然后在与该中心大于某个距离 d 的那些特征点中选取另一个具有最大密度的特征点作为第二个初始聚类中心，直到选取 k 个初始聚类中心。

（4）用相距最远的 k 个特征点作为聚类中心。

（5）当 n 较大时，先随机地从 n 个模式中取出一部分模式用层次聚类法聚成 k 类，以每类的中心作为初始聚类中心。

7.3.4 簇类个数 k 的调整

作为一种无监督学习算法，k-means 聚类算法以 k 为参数，因此需要预先设定簇的数量，进而将数据集的 N 个对象划分为 k 个数据簇，然而在很多时候，我们事先并不知道给定的数据集应该分成多少类别才合适，合理地确定 k 值对聚类效果的好坏有着很大的影响，如图 7-2 至图 7-5 所示（每个黑色的"×"代表聚类后簇的质心）。

我们通常采用如下方式确定 k 的取值。

（1）按先验知识确定 k。

（2）让 k 从小到大逐步增加，每个 k 都用 k-means 算法分类。目标函数随 k 的增加而

单调减少，但速度在一定时候会减缓，曲率变化最大的那个点对应最优聚类数。

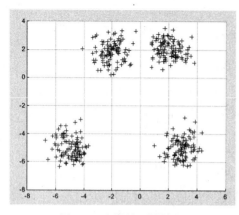

图 7-2 聚类前原始数据

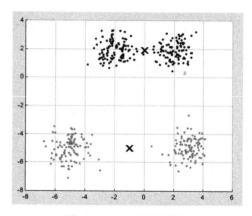

图 7-3 $k=2$ 时聚类结果

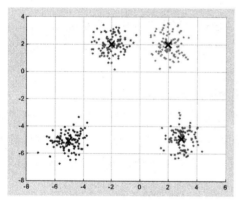

图 7-4 $k=4$ 时聚类结果

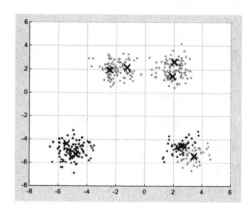

图 7-5 $k=8$ 时聚类结果

7.3.5 算法特点

k-means 算法的优点有：

（1）算法简单，易于实现。

（2）当类密集且类与类之间区别明显（比如球型聚集）时，聚类效果很好。

（3）算法的复杂度是 $O(Nkt)$（t 为迭代次数），对处理大数据集是高效的。

k-means 算法的缺点有：

（1）结果与初始质心有关。

（2）必须预先给出聚类的类别数 k。

（3）对"噪声"和孤立点数据敏感，少量的这些数据会对平均值产生较大的影响。

（4）不适合发现非凸面形状的聚类。

（5）在大数据集上收敛较慢。

（6）有可能达到局部最小值。

7.4 算法实例

下面通过一个简单实例介绍 k-means 算法的代码实现，具体程序如下。

```
#coding=utf-8
# 简单聚类 k-means 方法的实现
import numpy as np
# 数据集需要加一列
# 参数：数据集，分为几类，迭代次数
def kmeans(X, k, maxIt):
    # 返回行列维度
    numPoints, numDim = X.shape
    # 增加一列作为分类标记
    dataSet = np.zeros((numPoints, numDim+1))
    # 所有行，除了最后一列
    dataSet[:, :-1] = X
    # 随机选取 k 行，包含所有列
    centroids = dataSet[np.random.randint(numPoints, size = k), :]
    #centroids = dataSet[0:2, :]
    # 对中心点分类进行初始化
    centroids[:, -1] = range(1, k+1)
    iterations = 0
    oldCentroids = None
    while not shouldStop(oldCentroids, centroids, iterations, maxIt):
        print("iteration:\n", iterations )
        print("dataSet:\n", dataSet )
        print("centroids:\n", centroids)
        # 不能直接用等号，不然会指向同一个变量
        oldCentroids = np.copy(centroids)
        iterations += 1
        # 根据数据集以及中心点对数据集的点进行归类
        updateLabels(dataSet, centroids)
        # 更新中心点
        centroids = getCentroids(dataSet, k)
    return dataSet
# 实现函数循环结束的判断
# 当循环次数达到最大值，或者中心点不变化时就停止
def shouldStop(oldCentroids, centroids, iterations, maxIt):
    if iterations > maxIt:
```

```python
        return True
    return np.array_equal(oldCentroids, centroids)
# 根据数据集以及中心点对数据集的点进行归类
def updateLabels(dataSet, centroids):
    # 返回行(点数),列
    numPoints, numDim = dataSet.shape
    for i in range(0, numPoints):
        # 对每一行最后一列进行归类
        dataSet[i, -1] = getLabelFromCLoseCentroid(dataSet[i, :-1], centroids)
# 对比一行到每个中心点的距离,返回距离最短的中心点的label
def getLabelFromCLoseCentroid(dataSetRow, centroids):
    # 初始化label为中心点第一点的label
    label = centroids[0, -1]
    # 初始化最小值为当前行到中心点第一点的距离值
    #np.linalg.norm 计算两个向量的距离
    minDist = np.linalg.norm(dataSetRow - centroids[0, :-1])
    # 对中心点的每个点开始循环
    for i in range(1, centroids.shape[0]):
        dist = np.linalg.norm(dataSetRow - centroids[i, :-1])
        if dist < minDist:
            minDist = dist
            label = centroids[i, -1]
        print("minDist", minDist )
    return label
# 更新中心点
# 参数:数据集(包含标签),k个分类
def getCentroids(dataSet, k):
    # 初始化新的中心点矩阵
    result = np.zeros((k, dataSet.shape[1]))
    for i in range(1, k+1):
        # 找出最后一列类别为 i 的行集,即求一个类别里面的所有点
        oneCluster = dataSet[dataSet[:, -1]==i, :-1]
        #axis = 0 对行求均值,并赋值
        result[i-1, :-1] = np.mean(oneCluster, axis=0)
        result[i-1, -1] = i
        return result
x1 = np.array([1, 1])
x2 = np.array([2, 1])
x3 = np.array([4, 3])
x4 = np.array([5, 4])
testX = np.vstack((x1, x2, x3, x4))# 将点排列成矩阵
print(testX)
result = kmeans(testX, 2, 10)
print("final result:")
print(result)
```

实验结果如下。

```
[[1 1]
 [2 1]
 [4 3]
 [5 4]]
iteration:
 0
dataSet:
 [[1. 1. 0.]
 [2. 1. 0.]
 [4. 3. 0.]
 [5. 4. 0.]]
centroids:
 [[4. 3. 1.]
 [2. 1. 2.]]
minDist 1.0
minDist 0.0
minDist 0.0
minDist 1.4142135623730951
iteration:
 1
dataSet:
 [[1. 1. 2.]
 [2. 1. 2.]
 [4. 3. 1.]
 [5. 4. 1.]]
centroids:
 [[4.5 3.5 1. ]
 [0.  0.  0. ]]
minDist 1.4142135623730951
minDist 2.23606797749979
minDist 0.7071067811865476
minDist 0.7071067811865476
final result:
[[1. 1. 0.]
 [2. 1. 0.]
 [4. 3. 1.]
 [5. 4. 1.]]
```

7.5 算法应用

本节通过 k-means 聚类算法对图片进行压缩。为了更清晰地演示该算法，在实现过程中绘制了聚类中心的移动位置，并输出迭代次数。具体程序如下：

```python
#-*- coding: utf-8 -*-
from __future__ import print_function
import numpy as np
from matplotlib import pyplot as plt
from matplotlib import colors
from scipy import io as spio
from scipy import misc           # 图片操作
from matplotlib.font_manager import FontProperties
font = FontProperties(fname=r"c:\windows\fonts\simsun.ttc", size=14)
# 解决Windows环境下画图汉字乱码问题
def KMeans():
    '''二维数据聚类过程演示'''
    print(u'聚类过程展示...\n')
    data = spio.loadmat("data.mat")
    X = data['X']
    K = 3          # 总类数
    initial_centroids = np.array([[3, 3], [6, 2], [8, 5]])      # 初始化类中心
    max_iters = 10
    runKMeans(X, initial_centroids, max_iters, True)            # 执行k-means聚类算法
    '''
    图片压缩
    '''
    print(u'K-Means压缩图片\n')
    img_data = misc.imread("bird.png")    # 读取图片像素数据
    img_data = img_data/255.0             # 像素值映射到0-1
    img_size = img_data.shape
    X = img_data.reshape(img_size[0]*img_size[1], 3)    # 调整为N*3的矩阵，N是所有像素点个数
    K = 16
    max_iters = 5
    initial_centroids = kMeansInitCentroids(X, K)
    centroids, idx = runKMeans(X, initial_centroids, max_iters, False)
    print(u'\nK-Means运行结束\n')
    print(u'\n压缩图片...\n')
    idx = findClosestCentroids(X, centroids)
    X_recovered = centroids[idx, :]
    X_recovered = X_recovered.reshape(img_size[0], img_size[1], 3)
    print(u'绘制图片...\n')
    plt.subplot(1, 2, 1)
    plt.imshow(img_data)
    plt.title(u"原始图片", fontproperties=font)
    plt.subplot(1, 2, 2)
    plt.imshow(X_recovered)
    plt.title(u"压缩图像", fontproperties=font)
    plt.show()
    print(u'运行结束! ')
```

```python
# 找到每条数据距离哪个类中心最近
def findClosestCentroids(X, initial_centroids):
    m = X.shape[0]                      # 数据条数
    K = initial_centroids.shape[0]      # 类的总数
    dis = np.zeros((m, K))              # 分别计算每个点到K个类的距离
    idx = np.zeros((m, 1))              # 要返回的每条数据属于哪个类
    '''计算每个点到每个类中心的距离'''
    for i in range(m):
        for j in range(K):
            dis[i, j] = np.dot((X[i, :]-initial_centroids[j, :]).reshape(1, -1), (X[i, :]-initial_centroids[j, :]).reshape(-1, 1))
    '''返回dis每一行的最小值对应的列号,即为对应的类别
    - np.min(dis, axis=1) 返回每一行的最小值
    - np.where(dis == np.min(dis, axis=1).reshape(-1, 1)) 返回对应最小值的坐标
    - 注意:可能最小值对应的坐标有多个,where都会找出来,所以返回时返回需要的前m个即可(因为
对于多个最小值,属于哪个类别都可以)
    '''
    dummy, idx = np.where(dis == np.min(dis, axis=1).reshape(-1, 1))
    return idx[0:dis.shape[0]]  # 注意截取一下
# 计算类中心
def computerCentroids(X, idx, K):
    n = X.shape[1]
    centroids = np.zeros((K, n))
    for i in range(K):
        centroids[i, :] = np.mean(X[np.ravel(idx==i), :], axis=0).reshape(1, -1)
        # 索引要是一维的,axis=0 为每一列,idx==i 一次找出属于哪一类的,然后计算均值
    return centroids
# 聚类算法
def runKMeans(X, initial_centroids, max_iters, plot_process):
    m, n = X.shape                      # 数据条数和维度
    K = initial_centroids.shape[0]      # 类数
    centroids = initial_centroids       # 记录当前类中心
    previous_centroids = centroids      # 记录上一次类中心
    idx = np.zeros((m, 1))              # 每条数据属于哪个类
    for i in range(max_iters):          # 迭代次数
        print(u'迭代计算次数:%d'%(i+1))
        idx = findClosestCentroids(X, centroids)
        if plot_process:                # 如果绘制图像
            plt = plotProcessKMeans(X, centroids, previous_centroids)
            # 画聚类中心的移动过程
            previous_centroids = centroids  # 重置
        centroids = computerCentroids(X, idx, K)    # 重新计算类中心
    if plot_process:    # 显示最终的绘制结果
        plt.show()
    return centroids, idx    # 返回聚类中心和数据属于哪个类
# 画图,聚类中心的移动过程
```

```python
def plotProcessKMeans(X, centroids, previous_centroids):
    plt.scatter(X[:, 0], X[:, 1])        # 原数据的散点图
    plt.plot(previous_centroids[:, 0], previous_centroids[:, 1], 'rx', markersize=10, linewidth=5.0)   # 上一次聚类中心
    plt.plot(centroids[:, 0], centroids[:, 1], 'rx', markersize=10, linewidth=5.0)
    # 当前聚类中心
    for j in range(centroids.shape[0]):    # 遍历每个类，画类中心的移动直线
        p1 = centroids[j, :]
        p2 = previous_centroids[j, :]
        plt.plot([p1[0], p2[0]], [p1[1], p2[1]], "->", linewidth=2.0)
    return plt
# 初始化类中心 -- 随机取 K 个点作为聚类中心
def kMeansInitCentroids(X, K):
    m = X.shape[0]
    m_arr = np.arange(0, m)          # 生成 0-m-1
    centroids = np.zeros((K, X.shape[1]))
    np.random.shuffle(m_arr)          # 打乱 m_arr 顺序
    rand_indices = m_arr[:K]          # 取前 K 个
    centroids = X[rand_indices, :]
    return centroids
if __name__ == "__main__":
    KMeans()
```

实验结果如下。

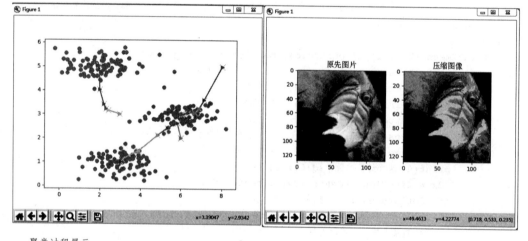

聚类过程展示...
迭代计算次数：1
迭代计算次数：2
迭代计算次数：3
迭代计算次数：4
迭代计算次数：5
迭代计算次数：6

迭代计算次数：7
迭代计算次数：8
迭代计算次数：9
迭代计算次数：10
K-Means 压缩图片

迭代计算次数：1
迭代计算次数：2
迭代计算次数：3
迭代计算次数：4
迭代计算次数：5

K-Means 运行结束

压缩图片 ...

绘制图片 ...

运行结束！

7.6　算法的改进与优化

1. k-means++ 算法

k-means 算法最开始随机选取数据集中的 K 个点作为聚类中心，而 k-means++ 按照如下的思想选取 K 个聚类中心：假设已经选取了 n 个初始聚类中心（$0<n<K$），则在选取第 $n+1$ 个聚类中心时，距离当前 n 个聚类中心越远的点会有越高的概率被选为第 $n+1$ 个聚类中心。在选取第一个聚类中心（$n=1$）时同样采取随机的方法。可以说这也符合我们的直觉：聚类中心互相离得越远越好。这个改进虽然简单，但是却非常有效。

2. ISODATA 算法

ISODATA 的全称是迭代自组织数据分析法。在 k-means 中，K 的值需要预先人为地确定，并且在整个算法过程中无法更改。而当遇到高维度、海量的数据集时，人们往往很难准确地估计出 K 的大小。ISODATA 针对这个问题进行了改进，它的思想也很直观：当属于某个类别的样本数过少时，把这个类别去除，当属于某个类别的样本数过多、分散程度较大时，把这个类别分为两个子类别。

7.7　本章小结

本章主要介绍了机器学习中的 k-means 算法。首先，简单阐述了算法的主要思想及其应用领域。之后，以流程图的形式将算法步骤展示出来，然后详细阐述了算法的步骤，进行相关公式的推导，并给出了 k-means 算法的代码实现。最后，通过使用 k-means 聚类算法对图片进行压缩，强化读者对算法的理解，并提出对算法的改进与优化。学完本章后，读者应该掌握 k-means 聚类算法，并且能够熟练地使用它。

7.8 本章习题

选择题

（1）以下对 k-means 聚类算法的描述正确的是（　　）。
  A. 能自动识别类的个数，随机挑选初始点为中心点计算
  B. 能自动识别类的个数，不是随机挑选初始点为中心点计算
  C. 不能自动识别类的个数，随机挑选初始点为中心点计算
  D. 不能自动识别类的个数，不是随机挑选初始点为中心点计算

（2）以下描述正确的是（　　）。
  A. k-means 算法属于确定性算法
  B. 在聚类分析中，簇内的相似性越大，簇间的差别越大，聚类的效果就越差
  C. 适合发现非凸面形状的聚类
  D. 可以将聚类分析看作一种非监督的分类

（3）关于 KNN 与 k-means 算法，描述正确的是（　　）。
  A. KNN 是分类算法，k-means 是聚类算法
  B. 它们都属于有监督学习算法
  C. 都是在数据集中找离它最近的点
  D. 都有明显的前期训练过程

（4）下面对 k-means 聚类算法解释正确的是（　　）。
  A. 不需要指定簇的个数
  B. 不能自动识别簇的个数
  C. 对异常点不敏感
  D. 聚类结果与中心点的初始化无关

（5）下面对 k-means 聚类描述不正确的是（　　）。
  A. 对噪声和离群点敏感
  B. 在指定 K 的前提下，每次结果都是相同的
  C. 算法复杂度为 $O(Nkt)$
  D. 不适合发现非凸形状的聚类

（6）在 k-means 算法中，以下哪个选项可用于获得全局最小值？（   ）

　　A. 尝试为不同的质心初始化运行算法

　　B. 调整迭代的次数

　　C. 找到集群的最佳数量

　　D. 以上所有

（7）以下哪个不是影响聚类算法效果的主要原因？（   ）

　　A. 特征选取

　　B. 模式相似性测度

　　C. 分类准则

　　D. 已知类别的样本质量

（8）在有监督学习中，如何使用聚类方法？（   ）

　　A. 不能在每个类别上用监督学习分别进行学习

　　B. 可以使用聚类"类别 id"作为一个新的特征项，然后再用监督学习分别进行学习

　　C. 在进行监督学习之前，不能新建聚类类别

　　D. 不可以使用聚类"类别 id"作为一个新的特征项，然后再用监督学习分别进行学习

CHAPTER 8

第 8 章

支持向量机算法

8.1 算法概述

支持向量机（SVM）是用来解决分类问题的。作为数据挖掘领域中一项非常重要的任务，分类目前在商业上应用最多（比如分析型 CRM 里面的客户分类模型、客户流失模型、客户盈利等，其本质上都属于分类问题）。而分类的目的则是构造一个分类函数或分类模型，该模型能把数据库中的数据项映射到给定类别中的某一个，从而可以用于预测未知类别。

先考虑最简单的情况，比如豌豆和米粒，用筛子很快可以分离它们，小颗粒漏下去，大颗粒保留。用函数来表示就是当直径 d 大于某个值 D，就判定其为豌豆，小于 D 就是米粒。在数轴上就是 D 左边的就是米粒，右边的就是豌豆，这是一维的情况。

但是实际问题没这么简单，要考虑的属性不单单是尺寸。如果我们对花朵的品种进行分类，假设决定分类的有两个属性：花瓣尺寸和颜色。单独用一个属性来分类，像刚才分米粒那样，就不行了。这个时候我们设置两个值 x 和 y，分别代表花瓣尺寸和颜色。

我们把所有的数据都丢到 x–y 平面上作为点，接着只要找到一条直线，把这两类划分开来，这就实现了分类。以后遇到数据，就将其丢进这个平面，看它在直线的哪一侧，从而判断该数据的类别。比如 $x+y-2=0$ 这条直线，我们把数据 (x,y) 代入，只要认为 $x+y-2>0$ 的就是 A 类，$x+y-2<0$ 的就是 B 类。

以此类推，还有三维、四维甚至 N 维的属性的分类，这样构造的模型也许就不是直线，而是平面或者超平面。

这就是支持向量机的思想。"机"的意思就是算法，机器学习领域常用"机"字表示算法。"支持向量"的意思是：数据集中的某些点位置比较特殊。比如刚才提到的 $x+y-2=0$ 这条直线，$x+y-2>0$ 的全是 A 类，$x+y-2<0$ 的全是 B 类。我们找这条直线的时候，一般只看两类数据各自的最边缘位置的点，也就是最靠近划分直线的点，而其他点对这条直线的最终位置的确定起不了作用，所以姑且叫这些点为"支持点"（意思就是有用的点），但是在数

学上没有这种定义。由于数学上的点，又可称为向量，比如二维点（x, y）就是二维向量，三维点（x, y, z）就是三维向量，所以"支持点"改叫"支持向量"，因此该算法被称为"支持向量机"。

支持向量机可以分为线性可分支持向量机（又称硬间隔支持向量机）、线性支持向量机和非线性支持向量机（又称软间隔支持向量机）。支持向量机算法已经在很多领域（如文本分类、图像分类、数据挖掘、手写字符识别、行人检测等）大显身手，且其可应用领域还远远不止这些。

8.2 算法流程

8.2.1 线性可分支持向量机

线性可分支持向量机的算法流程图如图 8-1 所示。

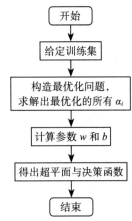

图 8-1 线性可分支持向量机的算法流程图

8.2.2 非线性支持向量机

非线性支持向量机的算法流程图如图 8-2 所示。

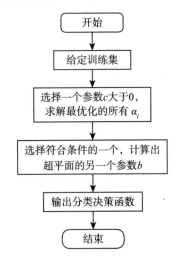

图 8-2 非线性支持向量机的算法流程图

8.3 算法步骤

8.3.1 线性分类

要理解 SVM，必须先弄清楚一个概念——线性分类器。

给定一些数据点，它们分别属于两个不同的类，现在要找到一个线性分类器把这些数据分成两类。如果用 x 表示数据点，用 y 表示类别（y 可以取 1 或者 -1，分别代表两个不同的类），线性分类器的学习目标便是在 n 维的数据空间中找到一个超平面（hyper plane），这个超平面的方程可以表示为（其中的 w^T 代表转置）：

$$w^T x + b = 0 \quad (8\text{-}1)$$

可能有读者对类别取 1 或 -1 有疑问，事实上，这个 1 或 -1 的分类标准起源于 Logistic 回归。Logistic 回归的目的是从特征学习出一个 0/1 分类模型，而该模型是将特性的线性组合作为自变量，由于自变量的取值范围是负无穷到正无穷，因此，使用 Logistic 函数（或称作 sigmoid 函数）将自变量映射到（0,1）上，映射后的值被认为是属于 $y=1$ 的概率。

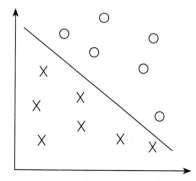

图 8-3　二维平面将数据分开

下面举一个简单的例子。如图 8-3 所示，现在有一个二维平面，该平面上有两种不同的数据，分别用圈和叉表示。由于这些数据是线性可分的，所以可以用一条直线将这两类数据分开，这条直线就相当于一个超平面，超平面两侧的数据点分别对应 -1 和 1。

这个超平面可以用分类函数 $f(x) = w^T x + b$ 表示，当 $f(x)$ 等于 0 的时候，x 便是位于超平面上的点，而 $f(x)$ 大于 0 的点对应 $y=1$ 的数据点，$f(x)$ 小于 0 的点对应 $y=-1$ 的点，如图 8-4 所示。

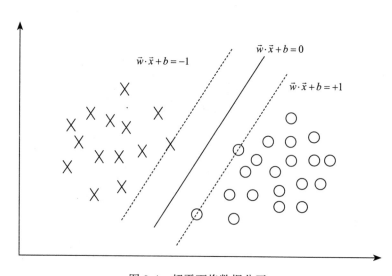

图 8-4　超平面将数据分开

8.3.2 函数间隔与几何间隔

在超平面 $w^Tx+b=0$ 确定的情况下，$|w^Tx+b|$ 能够表示点 x 到距离超平面的远近，而通过观察符号 w^Tx+b 与类标记 y 的符号是否一致可判断分类是否正确，所以，可以用 $(y(w^Tx+b=0))$ 的正负性来判定或表示分类的正确性。于是，我们便引出了函数间隔（functional margin）的概念。函数间隔（用 $\hat{r}$ 表示）的定义为：

$$\hat{r} = y(w^Tx+b) = yf(x) \qquad (8\text{-}2)$$

超平面 (w, b) 关于 T 中所有样本点 (x_i, y_i) 的函数间隔最小值（其中，x 是特征，y 是结果标签，i 表示第 i 个样本），便为超平面 (w, b) 关于训练数据集 T 的函数间隔：

$$\hat{r} = \min i(i=1,2,\cdots,n) \qquad (8\text{-}3)$$

但这样定义的函数间隔有问题，即如果成比例地改变 w 和 b（如将它们改为 $2w$ 和 $2b$），则函数间隔的值 $f(x)$ 变成了原来的 2 倍（虽然此时超平面没有改变），所以只有函数间隔还远远不够。

事实上，我们可以对法向量加些约束条件，从而引出真正定义点到超平面的距离——几何间隔（geometrical margin）的概念。

假定对于点 x，令其垂直投影到超平面上的对应点为 x_0，w 是垂直于超平面的一个向量，r 为样本到超平面的距离，如图 8-5 所示。

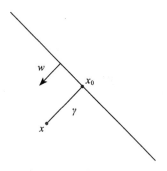

图 8-5　x 到超平面的距离

根据平面几何知识，有

$$x = x_0 + r\frac{w}{\|w\|} \qquad (8\text{-}4)$$

其中，$\|w\|$ 为 w 的二阶范数（范数是一个类似于模的表示长度的概念），是单位向量（一个向量除以它的模称为单位向量）。

又由于 x_0 是超平面上的点，满足 $f(x_0)=0$，代入超平面的方程，可得

$$r = \frac{w^\mathrm{T}x + b}{\|w\|} = \frac{f(x)}{\|w\|} \quad (8\text{-}5)$$

让式（8-4）两边同时乘以 w^T，再根据 $w^\mathrm{T}x_0 = -b$ 和 $w^\mathrm{T}w = \|w\|^2$，即可算出：

$$r = \frac{w^\mathrm{T}x + b}{\|w\|} = \frac{f(x)}{\|w\|}$$

为了得到 r 的绝对值，令 r 乘上对应的类别 y，即可得出几何间隔（用 $\bar{r}$ 表示）的定义：

$$\bar{r} = yr = \frac{\hat{r}}{\|w\|}$$

从上述定义可以看出，几何间隔就是函数间隔除以 $\|w\|$，而且函数间隔 $y(wx+b)=yf(x)$ 实际上就是 $|f(x)|$，只是人为定义的一个间隔度量，而几何间隔 $|f(x)|/\|w\|$ 才是直观上的点到超平面的距离。

8.3.3　对偶方法求解

对一个数据点进行分类，超平面离数据点的"间隔"越大，分类的确信度（confidence）也越大。所以，为了使分类的确信度尽量高，需要让所选择的超平面能够最大化这个"间隔"值。这个间隔就是图 8-6 中 Gap 的一半。

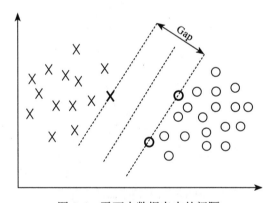

图 8-6　平面中数据点中的间隔

由前面的分析可知，函数间隔不适合用来最大化间隔值，因为在超平面固定以后，可以等比例地缩放 w 的长度和 b 的值，这样可以使得 $f(x)=w^\mathrm{T}x+b$ 的值任意大，亦即函数间隔 $\hat{r}$ 可以在超平面保持不变的情况下被取得任意大。但几何间隔因为除以了 $\|w\|$，使得在缩放 w 和 b 的时候，几何间隔的值是不会改变的。它只随着超平面的变动而变动，因此，这是更加合适的一个间隔。换言之，这里要找的最大间隔分类超平面中的"间隔"指的是几何间隔。

1. 构造拉格朗日函数

求解间隔最大化问题时，可以构造拉格朗日函数，间隔最大化可以写为：

$$\min_{w,b} \frac{\|w\|^2}{2}$$

$$y_i(w \cdot x_i + b) \geq 1 \quad i = 1, 2, 3, \cdots, N$$

构造拉格朗日函数，需要引进拉格朗日乘子，将原约束最优问题转化为求解拉格朗日最优问题：

$$L(w, b, \alpha) = \frac{\|w\|^2}{2} - \sum_{i=1}^{N} \alpha_i y_i (w \cdot x_i + b) + \sum_{i=1}^{N} \alpha_i$$

上式的计算复杂度很高，因为 α_i 的个数等于样本量，而 w 和 b 的参数数量加在一起和解释变量的数量相等。一般数据集的样本量远大于变量个数的，因此，先计算 w 和 b 的计算量会小很多，这就会涉及对偶问题。

2. 求解拉格朗日函数的对偶问题

引入拉格朗日的对偶问题，即：

$$\min_{w,b} \max_{\alpha} L(w, b, \alpha) \Rightarrow \max_{\alpha} \min_{w,b} L(w, b, \alpha)$$

可以证明，优化原始问题可以转化为优化对偶问题，相较于原始问题，求解对偶问题更加方便，并且有利于引入核方法解决非线性可分问题。

（1）求 $\min\limits_{w,b} L(w, b, \alpha)$，对 $L(w, b, \alpha)$ 分别求 w, b 的偏导，并令其为 0 得

$$\frac{\partial L}{w} = 0 \Rightarrow w = \sum_{i=1}^{N} \alpha_i y_i x_i$$

$$\frac{\partial L}{w} = 0 \Rightarrow \sum_{i=1}^{N} \alpha_i y_i x_i = 0$$

（2）代入 $L(w, b, \alpha)$ 得到对偶函数 $\varphi(\alpha) = \min\limits_{w,b} L(w, b, \alpha)$。原问题转化为对对偶函数 $\varphi(\alpha)$ 的极值问题的求解，如下所示。

$$\max_{\alpha} \varphi(\alpha) = -\frac{1}{2} \sum_{i=1}^{N} \sum_{j=1}^{N} \alpha_i \alpha_j y_i y_j (x_i \cdot x_j) + \sum_{i=1}^{N} \alpha_i \Rightarrow$$

$$\max_{\alpha} \varphi(\alpha) = \frac{1}{2} \sum_{i=1}^{N} \sum_{j=1}^{N} \alpha_i \alpha_j y_i y_j (x_i \cdot x_j) + \sum_{i=1}^{N} \alpha_i$$

其中

$$\sum_{i=1}^{N}\alpha_i y_i = 0,\ i=1,2,3,\cdots,N$$

求解出此问题对应的 a，那么 w, b 就可以被解出，超平面也就随之被确定了。得出超平面与决策函数：

$$w \cdot x + b = 0$$

分类决策函数如下所示：

$$f(x)=\text{sign}(w \cdot x+b)$$

综上所述，线性可分支持向量机的算法步骤如下。

（1）给定训练集 $T=\{(x_1, y_1), (x_2, y_2),\cdots, (x_n, y_n)\}$，$y=\{-1,1\}$。

（2）构造最优化问题：

$$\min_{\alpha}\varphi(\alpha) = \frac{1}{2}\sum_{i=1}^{N}\sum_{j=1}^{N}\alpha_i\alpha_j y_i y_j (xi \cdot xj) - \sum_{i=1}^{N}\alpha_i$$

其中

$$\sum_{i=1}^{N}\alpha_i y_i = 0,\ i=1,2,3,\cdots,N$$

求解出最优化的所有 α_i。

（3）计算参数 w 和 b：

$$w = \sum_{i=1}^{N} a_i y_i x_i$$

$$b = y_i - x_i \cdot \sum_{i=1}^{N} a_i y_i x_i$$

（4）得出超平面与决策函数：

$$w \cdot x + b = 0$$

分类决策函数如下所示：

$$f(x)=\text{sign}(w \cdot x+b)$$

8.3.4 非线性支持向量机与核函数

支持向量机算法分类和回归方法中都支持线性和非线性类型的数据类型。非线性类型通常在二维平面不可分，为了使数据可分，需要通过一个函数将原始数据映射到高维空间，从而使得数据在高维空间很容易区分，这样就达到数据分类或回归的目的，而实现这一目标的函数称为核函数。

具体来说，在线性不可分的情况下，支持向量机首先在低维空间中完成计算，然后通过核函数将输入空间映射到高维特征空间，最终在高维特征空间中构造出最优分离超平面，从而把平面上本身不好分的非线性数据分开。如图 8-7 所示，一堆数据在二维空间无法划分，从而映射到三维空间划分。

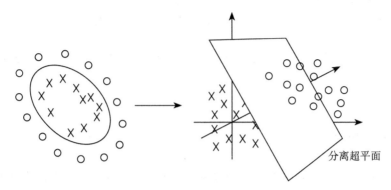

图 8-7　在高维空间中分离数据

1. 核技巧运用于非线性支持向量机

上一节中介绍了线性支持向量机的目标函数，即

$$\min \varphi(\alpha) = \frac{1}{2}\sum_{i=1}^{N}\sum_{j=1}^{N}\alpha_i\alpha_j y_i y_j (x_i \cdot x_j) - \sum_{i=1}^{N}\alpha_i$$

其中，

$$\sum_{i=1}^{N}\alpha_i y_i = 0$$
$$i = 1,2,3,\cdots,N$$

其中，$(x_i \cdot x_j)$ 表示输入空间中任意两个点的内积，此时使用核函数 $K(x_i \cdot x_j)$ 代替 $(x_i \cdot x_j)$，即

$$\min \varphi(\alpha) = \frac{1}{2}\sum_{i=1}^{N}\sum_{j=1}^{N}\alpha_i\alpha_j y_i y_j K(x_i \cdot x_j) - \sum_{i=1}^{N}\alpha_i$$

其中，

$$\sum_{i=1}^{N}\alpha_i y_i = 0$$
$$i = 1,2,3,\cdots,N$$

上述过程实质上是用输入向量内积的核函数运算代替高维空间（特征空间）的内积，从而达到了将输入空间数据进行高维空间映射的目的。同时，这个过程并不需要知道高维空间到底是几维，映射函数具体是什么，使用核技巧使得线性支持向量机变成了非线性支持向量机，由此求出的超曲面便可以对数据进行分类预测。

2. 常见的核函数

通常人们会从一些常用的核函数中选择（根据问题和数据的不同，选择不同的参数，实际上就是得到了不同的核函数），例如：

（1）多项式核。显然刚才举的例子是多项式核的一个特例（$R=1, d=2$）。虽然比较麻烦，但是这个核所对应的映射实际上是可以写出来的，该空间的维度是 $\binom{m+d}{d}$，其中 m 是原始空间的维度。

（2）高斯核 $K(x_1, x_2) = \exp\left(-\dfrac{\|x_1 - x_2\|^2}{2\sigma^2}\right)$，这个核会将原始空间映射为无穷维空间。不过，如果 σ 选得很大的话，高斯特征上的权重实际上衰减得非常快，所以实际上相当于一个低维的子空间；反过来，如果 σ 选得很小，则可以将任意的数据映射为线性可分。当然这并不一定是好事，因为随之而来的可能是非常严重的过拟合问题。不过总的来说，通过调控参数 σ，高斯核实际上具有相当高的灵活性，也是使用最广泛的核函数之一。图 8-8 所示的例子便是把低维线性不可分的数据通过高斯核函数映射到高维空间。

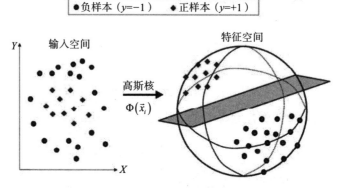

图 8-8　通过核函数将低维空间中的数据映射到高维空间

（3）线性核 $K(x_1, x_2) = \langle x_1, x_2 \rangle$，这实际上就是原始空间中的内积。线性核存在的主要目的是使得"映射后空间中的问题"和"映射前空间中的问题"两者在形式上统一起来。意思也就是，我们有时候编写代码或公式的时候，只要写一个模板或通用表达式，然后再代入不同的核即可，于是便在形式上统一了起来，不用再分别写一个线性的和一个非线性的。

3. 核函数的本质

实际中，我们会经常遇到线性不可分的样例，常用的做法是把样例特征映射到高维空间中去。映射到高维空间后，相关特征便被分开了，也就达到了分类的目的。但如果线性不可分的样例一律映射到高维空间，那么这个维度大小是会高到可怕的。此时，核函数就隆重登场了。核函数的价值在于它虽然也是将特征进行从低维到高维的转换，但核函数会事先在低维上进行计算，而将实质上的分类效果表现在高维上，也就避免了直接在高维空间中的复杂计算。

综上所述，非线性支持向量机的算法步骤如下：

（1）给定训练集 $T=\{(x_1, y_1), (x_2, y_2), \cdots, (x_n, y_n)\}$，$y=\{-1, 1\}$。

（2）选择一个参数 c 大于 0，求解优化问题：

$$\min_{\alpha} \varphi(\alpha) = \frac{1}{2}\sum_{i=1}^{N}\sum_{j=1}^{N}\alpha_i\alpha_j y_i y_j (x_i \cdot x_j) - \sum_{i=1}^{N}\alpha_i$$

其中

$$\sum_{i=1}^{N}\alpha_i y_i = 0, \ i=1,2,3,\cdots,N$$

求解最优化的所有 α_i。

（3）选择符合条件的一个 α_i，然后计算出超平面的另外一个参数 b：

$$b = y_i - \sum_{i=1}^{N}a_i y_i K(x_i, x_j)$$

（4）输出分类决策函数如下：

$$f(x) = \text{sign}\left(\sum_{i=1}^{N}a_i y_i K(x_i, x_j) + b\right)$$

8.4 算法实例

下面是一个简单的模型，对上一节提出的支持向量机算法进行实现，具体程序如下。

```python
#-*- coding: utf-8 -*-
import numpy as np
from scipy import io as spio
from matplotlib import pyplot as plt
from sklearn import svm

def SVM():
    '''data1——线性分类'''
    data1 = spio.loadmat('data1.mat')
    X = data1['X']
    y = data1['y']
    y = np.ravel(y)
```

```python
    plot_data(X, y)
    
    model = svm.SVC(C=1.0, kernel='linear').fit(X, y)   # 指定核函数为线性核函数
    plot_decisionBoundary(X, y, model)  # 画决策边界
    '''data2——非线性分类'''
    data2 = spio.loadmat('data2.mat')
    X = data2['X']
    y = data2['y']
    y = np.ravel(y)
    plt = plot_data(X, y)
    plt.show()
    
    model = svm.SVC(gamma=100).fit(X, y)     # gamma为核函数的系数,值越大拟合得越好
    plot_decisionBoundary(X, y, model, class_='notLinear')   # 画决策边界


# 作图
def plot_data(X, y):
    plt.figure(figsize=(10, 8))
    pos = np.where(y == 1)   # 找到y=1的位置
    neg = np.where(y == 0)   # 找到y=0的位置
    p1, = plt.plot(np.ravel(X[pos, 0]), np.ravel(X[pos, 1]), 'ro', markersize=8)
    p2, = plt.plot(np.ravel(X[neg, 0]), np.ravel(X[neg, 1]), 'g^', markersize=8)
    plt.xlabel("X1")
    plt.ylabel("X2")
    plt.legend([p1, p2], ["y==1", "y==0"])
    return plt
# 画决策边界
def plot_decisionBoundary(X, y, model, class_='linear'):
    plt = plot_data(X, y)
    
    # 线性边界
    if class_ == 'linear':
        w = model.coef_
        b = model.intercept_
        xp = np.linspace(np.min(X[:, 0]), np.max(X[:, 0]), 100)
        yp = -(w[0, 0] * xp + b) / w[0, 1]
        plt.plot(xp, yp, 'b-', linewidth=2.0)
        plt.show()
    else:  # 非线性边界
        x_1 = np.transpose(np.linspace(np.min(X[:, 0]), np.max(X[:, 0]), 100).reshape(1, -1))
        x_2 = np.transpose(np.linspace(np.min(X[:, 1]), np.max(X[:, 1]), 100).reshape(1, -1))
        X1, X2 = np.meshgrid(x_1, x_2)
        vals = np.zeros(X1.shape)
        for i in range(X1.shape[1]):
            this_X = np.hstack((X1[:, i].reshape(-1, 1), X2[:, i].reshape(-1, 1)))
            vals[:, i] = model.predict(this_X)
            
        plt.contour(X1, X2, vals, [0, 1], color='blue')
```

```
        plt.show()

if __name__ == "__main__":
    SVM()
```

实验结果如图8-9所示。

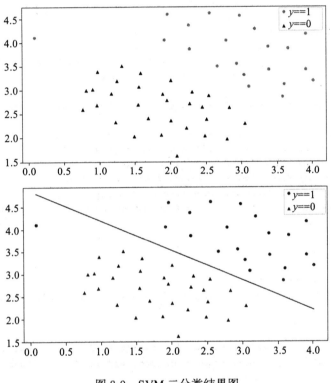

图 8-9　SVM 二分类结果图

8.5 算法应用

上一节介绍了SVM算法本身的实现过程，本实例从网上（http://vis-www.cs.umass.edu/lfw/lfw-funneled.tgz）下载一些人脸的数据集，然后利用SVM算法实现人脸识别的功能，最后显示出某人的预测名字与真实名字。具体程序如下。

```
# -*- coding:utf-8 -*-
from __future__ import print_function

from time import time
import logging  # 打印程序进展的信息
```

```python
import matplotlib.pyplot as plt

from sklearn.model_selection import train_test_split
# 由于sklearn更新所以换成了上面的
# from sklearn.cross_validation import train_test_split
#: 数据集按比例切分为训练集和测试集
from sklearn.datasets import fetch_lfw_people
from sklearn.decomposition import PCA
from sklearn.model_selection import GridSearchCV
# 由于sklearn更新所以换成了上面的
# from sklearn.grid_search import GridSearchCV
# GridSearchCV，它存在的意义就是自动调参，只要把参数输进去，
# 就能给出最优化的结果和参数。但是这个方法适合于小数据集，一旦数据的量级上去了，很难得出结果。
from sklearn.metrics import classification_report
# 生成显示主要分类指标的文本报告
# http://scikit-learn.org/stable/modules/generated/sklearn.metrics.classification_report.html
from sklearn.metrics import confusion_matrix    # 计算混淆矩阵
# from sklearn.metrics import matthews_corrcoef # 计算MCC
# from sklearn.metrics import  roc_auc_score    # 计算MCC，只对二分类可以计算
# from sklearn.metrics import  accuracy_score   # 计算ACC
# from sklearn.decomposition import RandomizedPCA
# 这种写法在sklearn的新版本已经失效，被from sklearn.decomposition import PCA代替
from sklearn.svm import SVC

print(__doc__)

# Display progress logs on stdout
logging.basicConfig(level=logging.INFO, format='%(asctime)s %(message)s')# 在标准输出上显示进度日志


###############################################################################
# Download the data, if not already on disk and load it as numpy arrays

lfw_people = fetch_lfw_people(min_faces_per_person=70, resize=0.4)
# 获取人脸数据集的文件路径，其中check_fetch_lfw函数完成此功能。check_fetch_lfw函数会根据给定的路径判断路径下是否有人脸数据集
# 若有，返回数据集路径，若没有，那么会从网上下载，然后自动解压，将解压后的路径返回，并且将压缩包删除。
# fetch_lfw_people函数是用来加载lfw人脸识别数据集的函数，返回data、images、target、target_names
# 分别是向量化的人脸数据、人脸、人脸对应的人名编号、人名


# introspect the images arrays to find the shapes (for plotting)
n_samples, h, w = lfw_people.images.shape  ##一共返回多少了实例、多少个图
# print(n_samples, h, w)
# 1288 50 37



# for machine learning we use the 2 data directly (as relative pixel
# positions info is ignored by this model)
```

```python
X = lfw_people.data  # 特征向量的矩阵
n_features = X.shape[1]# 一共提取多少个特征值 1 对应着列数
# print(X.shape)
# (1288, 1850)

# the label to predict is the id of the person
y = lfw_people.target  # y = 每个实例对应着哪个人脸，人脸对应的人脸编号
target_names = lfw_people.target_names  # target_names 返回名字
n_classes = target_names.shape[0] #t raget_name.shape[0] 一共多少个
# print(target_names)
# print(target_names.shape)
# ['Ariel Sharon' 'Colin Powell' 'Donald Rumsfeld' 'George W Bush'
#  'Gerhard Schroeder' 'Hugo Chavez' 'Tony Blair']
# (7, )

print("Total dataset size:")
print("n_samples: %d" % n_samples)  # 一共多少个实例
print("n_features: %d" % n_features)  # 一共提取了多少特征值
print("n_classes: %d" % n_classes)  # 一共分成了多少类
# Total dataset size:
# n_samples: 1288
# n_features: 1850
# n_classes: 7
#
###############################################################################
# Split into a training set and a test set using a stratified k fold

# split into a training and testing set
X_train, X_test, y_train, y_test = train_test_split(  # 分配训练集测试集，分别对应两个矩阵两个向量
    X, y, test_size=0.25)
# print(X_train.shape)
# print(X_test.shape)
# (966, 1850)
# (322, 1850)


###############################################################################
# Compute a PCA (eigenfaces) on the face dataset (treated as unlabeled
# dataset): unsupervised feature extraction / dimensionality reduction
#PCA 降维技术，将特征值减少
n_components = 150
# 从 966 张面孔中抽取前 150 个人脸

print("Extracting the top %d eigenfaces from %d faces"
      % (n_components, X_train.shape[0]))
t0 = time()
# pca = RandomizedPCA(n_components=n_components, whiten=True).fit(X_train)
pca = PCA(n_components=n_components, svd_solver='randomized',  # 选择一种 svd 方式
```

```python
                    whiten=True).fit(X_train)
# whiten是一种数据预处理方式，会损失一些数据信息，但可获得更好的预测结果
# #随机降维方法  建立PCA模型
print("done in %0.3fs" % (time() - t0))


eigenfaces = pca.components_.reshape((n_components, h, w))#返回具有最大方差的成分。

print("Projecting the input data on the eigenfaces orthonormal basis")
t0 = time()
X_train_pca = pca.transform(X_train)
X_test_pca = pca.transform(X_test)
# 将数据X转换成降维后的数据。当模型训练好后，对于新输入的数据，都可以用transform方法来降维
print("done in %0.3fs" % (time() - t0))
###############################################################################
# Train a SVM classification model

print("Fitting the classifier to the training set")
t0 = time()
param_grid = {'C': [1e3, 5e3, 1e4, 5e4, 1e5],
              'gamma': [0.0001, 0.0005, 0.001, 0.005, 0.01, 0.1], }
clf = GridSearchCV(SVC(kernel='rbf', class_weight='balanced'), param_grid)#权重均
衡，核函数kenel= rbf
# param_grid：值为字典或者列表，即需要最优化的参数的取值
clf = clf.fit(X_train_pca, y_train) # fit()建模，找到最优超平面
print("done in %0.3fs" % (time() - t0))
print("Best estimator found by grid search:")
print(clf.best_estimator_)

###############################################################################
# Quantitative evaluation of the model quality on the test set

print("Predicting people's names on the test set")
t0 = time()
y_pred = clf.predict(X_test_pca)
print("done in %0.3fs" % (time() - t0))

print(classification_report(y_test, y_pred, target_names=target_names))
# 生成显示主要分类指标的文本报告
#                    precision    recall   f1-score   support
#
#     Ariel Sharon       1.00      0.89      0.94        18
#     Colin Powell       0.82      0.89      0.85        56
#  Donald Rumsfeld       0.96      0.77      0.85        30
#    George W Bush       0.85      0.96      0.90       151
# Gerhard Schroeder      1.00      0.64      0.78        22
#      Hugo Chavez       1.00      0.91      0.95        11
#       Tony Blair       0.96      0.74      0.83        34
#
```

```
#           avg / total       0.89      0.88      0.88       322
print(confusion_matrix(y_test, y_pred, labels=range(n_classes)))
# [[ 16   1   0   1   0   0   0]
#  [  0  50   0   6   0   0   0]
#  [  0   0  23   7   0   0   0]
#  [  0   6   0 145   0   0   0]
#  [  0   0   1   6  14   0   1]
#  [  0   0   0   1   0  10   0]
#  [  0   4   0   5   0   0  25]]
#
#
###############################################################################
# Qualitative evaluation of the predictions using matplotlib

def plot_gallery(images, titles, h, w, n_row=3, n_col=4):
    """Helper function to plot a gallery of portraits"""
    plt.figure(figsize=(1.8 * n_col, 2.4 * n_row))
    plt.subplots_adjust(bottom=0, left=.01, right=.99, top=.90, hspace=.35)
    for i in range(n_row * n_col):
        plt.subplot(n_row, n_col, i + 1)
        plt.imshow(images[i].reshape((h, w)), cmap=plt.cm.gray)
        plt.title(titles[i], size=12)
        plt.xticks(())
        plt.yticks(())


# plot the result of the prediction on a portion of the test set

def title(y_pred, y_test, target_names, i):
    pred_name = target_names[y_pred[i]].rsplit(' ', 1)[-1]
    true_name = target_names[y_test[i]].rsplit(' ', 1)[-1]
    return 'predicted: %s\ntrue:      %s' % (pred_name, true_name)

prediction_titles = [title(y_pred, y_test, target_names, i)
                     for i in range(y_pred.shape[0])]

plot_gallery(X_test, prediction_titles, h, w)

# plot the gallery of the most significative eigenfaces

eigenface_titles = ["eigenface %d" % i for i in range(eigenfaces.shape[0])]
plot_gallery(eigenfaces, eigenface_titles, h, w)

plt.show()
#
#
```

实验结果如图 8-10 所示。

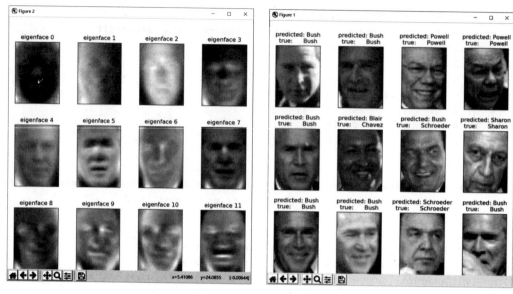

图 8-10 人脸识别结果图

8.6 算法的改进与优化

1. 最小二乘 SVM（LS-SVM）

SVM 标准算法在应用中存在着超平面参数选择，以及问题求解中矩阵规模受训练样本数目影响很大，导致规模过大的问题。

LS-SVM 是标准 SVM 的一种变体，它从机器学习损失函数着手，在其优化问题的目标函数中使用二范数，并利用等式约束条件代替 SVM 标准算法中的不等式约束条件，使得 LS-SVM 方法的优化问题的求解最终变为一组线性方程组的求解。

传统 SVM 中，约束条件是不等式，离分离超平面近的元素向量是支持向量，强烈地影响分离平面的计算，离超平面远的向量影响比较小；因此如果分离集合之间的边界不清晰，会影响计算结果。而 LS-SVM 中，约束条件是等式，因此，离分离超平面近和远的元素向量都会对分离平面的计算产生影响，分离平面不如传统 SVM 精准；而且一旦产生相当数量的大的离群点，会严重影响分离平面的计算。LS-SVM 的最终结果，近似于将两个分离集合的所有元素到分离平面的距离，都限定在 $1+n$，n 是可接受误差。

LS-SVM 方法通过求解线性方程组实现最终的决策函数，在一定程度上降低了求解难度，提高了求解速度，使之更适合于求解大规模问题，更适应于一般的实际应用，虽然不一定能获得全局最优解，但是仍可获得较高精度的识别率。

2. 概率 SVM

概率 SVM 可以视为 Logistic 回归和 SVM 的结合，SVM 由决策边界直接输出样本的分类，概率 SVM 则通过 sigmoid 函数计算样本属于其类别的概率。具体地，在计算标准 SVM 得到学习样本的决策边界后，概率 SVM 通过缩放和平移参数对决策边界进行线性变换，并使用极大似然估计（Maximum Likelihood Estimation，MLE）得到的值，将样本到线性变换后超平面的距离作为 sigmoid 函数的输入得到概率。

8.7 本章小结

本章主要介绍了机器学习中的支持向量机算法。首先，简单阐述了算法的主要思想及其应用领域。其次，以流程图的形式将算法步骤展示出来，然后详细阐述了算法的步骤，进行相关公式的推导，并给出了支持向量机算法的代码实现。最后，利用支持向量机算法实现人脸识别的功能，显示出某人的预测名字与真实名字，强化了读者对算法的理解，并提出算法的改进与优化。学完本章后，读者应该对支持向量机算法的原理及步骤有深刻的理解，并能够在解决复杂问题时熟练地运用。

8.8 本章习题

1. 选择题

（1）SVM 算法需要进行归一化处理吗？（　　）

　　A. 需要　　　　　　B. 不需要

（2）SVM 是（　　）分类器。

　　A. 线性　　　　　　B. 非线性　　　　　　C. 线性与非线性

2. 判断题

（1）LR 与 SVM 都可以处理分类问题，但 SVM 是参数模型，LR 是非参数模型。（　　）

（2）在 SVM 训练好后，可以抛弃非支持向量的样本点，仍然能对新样本进行分类。（　　）

（3）SVM 对噪声（如来自其他分布的噪声样本）鲁棒。（　　）

3. 编程题

已知有（1,0）、（1,1）、（2,3）、（0,0,1）四个点，试编写代码以实现 SVM 分类。

CHAPTER 9

第 9 章

AdaBoost 算法

9.1 算法概述

AdaBoost 是英文 Adaptive Boosting（自适应增强）的缩写，由 Yoav Freund 和 Robert Schapire 在 1995 年提出。它的自适应在于：前一个基本分类器分类错误的样本的权重会得到加强，加权后的全体样本再次被用来训练下一个基本分类器。同时，在每一轮训练中加入一个新的弱分类器，直到达到某个预定的足够小的错误率或达到预先指定的最大迭代次数时停止训练。

AdaBoost 想要实现"三个臭皮匠顶个诸葛亮"的效果。该方法企图用多个分类能力较差但是不断优化的弱分类器组成一个比现存任一强分类器分类能力更强的集合分类器。以医院诊疗为例，新进实习的 10 位青年医生依次对 1000 例病人进行诊疗训练。第一位青年医生经过自己的学习可以顺利诊断成功 60% 的病人，并调大诊断错误的病人的权重，便于第二位青年医生有针对性的学习。第二位青年医生重点关注了上一位医生误诊的病历，顺利诊断成功 65% 的病人。后面的过程与前面类似，剩余的 8 位医生采用同样的方法调整权重，第十位青年医生的诊断正确率最终达到了 80%。学习结束之后，10 位青年医生同时参与问诊，诊断结果由 10 位医生按照自己的诊断正确率加权投票得出。最终的正确率顺利达到了 90%！

AdaBoost 算法是一种集成学习的算法，其核心思想就是对多个机器学习模型进行组合形成一个精度更高的模型，参与组合的模型称为弱学习器。典型的集成学习算法是随机森林算法和 Boosting 算法，AdaBoost 算法是 Boosting 算法的一种实现版本。

9.2 算法流程

AdaBoost 算法的流程图如图 9-1 所示。

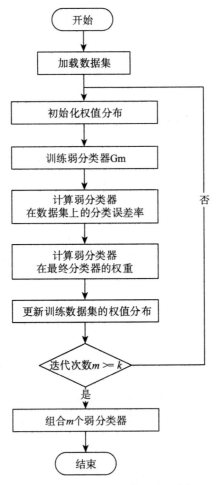

图 9-1 AdaBoost算法流程图

9.3 算法步骤

给定一个训练数据集 $T=\{(x_1,y_1),(x_2,y_2),\ldots,(x_n,y_n)\}$，其中实例 $x \in X$，而实例空间 $x \subset R^n$，属于标记集合 $\{-1,+1\}$，AdaBoost 的目的就是从训练数据中学习一系列弱分类器或基本分类器，然后将这些弱分类器组合成一个强分类器。

（1）初始化训练数据的权值分布。每一个训练样本最开始时都被赋予相同的权值 $\frac{1}{n}$：

$$D_1=(w_{11},w_{12},\cdots,w_{1i},\cdots,w_{1n}), w_{1i}=\frac{1}{n}, i=1,2,\cdots,n$$

（2）进行多轮迭代，用 $m = 1,2,\cdots,k$ 表示迭代到第几轮。

a. 使用具有权值分布 G_m 的训练数据集学习，得到基本分类器。尽可能选取让误差率最低的阈值来设计基本分类器。

$$G_m(x): x \to \{-1,1\}$$

b. 计算 $G_m(x)$ 在训练数据集上的分类误差率。

$$e_m = P(G_m(x_i) \neq y_i) = \sum_{i=1}^{N} w_{mi} I(G_m(x_i) \neq y_i)$$

由上式可得，$G_m(x)$ 在训练数据集上的误差率 e_m 为被 $G_m(x)$ 模型误分类样本的权值之和。

c. 计算 $G_m(x)$ 的系数，α_m 表示 $G_m(x)$ 在最终分类器中的重要程度。目的是得到基本分类器在最终分类器中所占的权重。

$$\alpha_m = \frac{1}{2} \frac{\ln(1-e_m)}{e_m}$$

由上述式子可知，$e_m \leqslant \frac{1}{2}$ 时，$\alpha_m \geqslant 0$，且 α_m 随着 e_m 的减小而增大，意味着分类误差率越小的基本分类器在最终分类器中的作用越大。

d. 更新训练数据集的权值分布，得到样本的新的权值分布，用于下一轮迭代。

$$D_{m+1} = (w_{m+1,1}, w_{m+1,2}, \cdots, w_{m+1,i}, \cdots, w_{m+1,n})$$

$$w_{m+1,i} = \frac{w_{mi}}{Z_m} \exp(-\alpha_m y_i G_m(x_i)), i = 1,2,\cdots,n$$

上述操作会增大 $G_m(x)$ 误分类样本的权值，减少被正确分类样本的权值。通过这样的方式，AdaBoost 方法能重点关注分类器难以区分的样本。其中，Z_m 是规范化因子，使得 D_{m+1} 成为一个概率分布。

（3）组合各个弱分类器：

$$f(x) = \sum_{m=1}^{M} \alpha_m G_m(x)$$

通过上式可以得到最终的分类器：

$$G(x) = \text{sign}(f(x)) = \text{sign}\left(\sum_{m=1}^{M} \alpha_m G_m(x)\right)$$

9.4 算法实例

本节主要根据 9.3 节的算法步骤实现决策树算法。

```
AdaBoost.py
# -*- coding: utf-8 -*-
# coding: UTF-8
import numpy as np
from WeakClassify import DecisionStump
from sklearn.metrics import accuracy_score

class AdaBoost:
    def __init__(self, X, y, Weaker=DecisionStump):
        self.X=np.array(X)
        self.y=np.array(y).flatten(1)
        self.Weaker=Weaker
        self.sums=np.zeros(self.y.shape)

        # W为权值，初试情况为均匀分布，即所有样本都为1/n
        self.W=np.ones((self.X.shape[1], 1)).flatten(1)/self.X.shape[1]
        self.Q=0    # 弱分类器的实际个数

    # M 为弱分类器的最大数量，可以在main函数中修改

    def train(self, M=5):
        self.G={}          # 表示弱分类器的字典
        self.alpha={}      # 每个弱分类器的参数
        for i in range(M):
            self.G.setdefault(i)
            self.alpha.setdefault(i)
        for i in range(M):    # self.G[i]为第i个弱分类器
            self.G[i]=self.Weaker(self.X, self.y)
            e=self.G[i].train(self.W) # 根据当前权值进行该弱分类器训练
            self.alpha[i]=1.0/2*np.log((1-e)/e) # 计算该分类器的系数
            res=self.G[i].pred(self.X)   #res表示该分类器得出的输出
            # Z 表示规范化因子

            # 计算当前次数训练精确度
            print "weak classfier acc", accuracy_score(self.y, res), "\n========
==============================================="

            Z=self.W*np.exp(-self.alpha[i]*self.y*res.transpose())
            self.W=(Z/Z.sum()).flatten(1) # 更新权值
            self.Q=i
            # errorcnt 返回分错的点的数量，为 0 则表示perfect
            if (self.errorcnt(i)==0):
                print("%d个弱分类器可以将错误率降到0"%(i+1))
                break
```

```python
    def errorcnt(self, t):       # 返回错误分类的点
        self.sums=self.sums+self.G[t].pred(self.X).flatten(1)*self.alpha[t]

        pre_y=np.zeros(np.array(self.sums).shape)
        pre_y[self.sums>=0]=1
        pre_y[self.sums<0]=-1

        t=(pre_y!=self.y).sum()
        return t

    def pred(self, test_X):       # 测试最终的分类器
        test_X=np.array(test_X)
        sums=np.zeros(test_X.shape[1])
        for i in range(self.Q+1):
            sums=sums+self.G[i].pred(test_X).flatten(1)*self.alpha[i]
        pre_y=np.zeros(np.array(sums).shape)
        pre_y[sums>=0]=1
        pre_y[sums<0]=-1
        return pre_y
```

9.5 算法应用

本节主要根据 9.4 节实现的 Adaboost 算法实现一组八维数据的有监督分类问题，数据量为 768 例，最后一列为标签列。数据格式如表 9-1 所示。

表 9-1 Adaboost 数据示例

	列1	列2	列3	列4	列5	列6	列7	列8	标签
1	6	148	72	35	0	33.6	0.627	50	1
2	1	85	66	29	0	26.6	0.351	31	0
3	8	183	64	0	0	23.3	0.672	32	1
…	…	…	…	…	…	…	…	…	…
766	1	89	66	23	94	28.1	0.167	21	0
767	0	137	40	35	168	43.1	2.288	33	1
768	5	116	74	0	0	25.6	0.201	30	0

程序实现如下。

弱分类器.py：

```python
# -*- coding: utf-8 -*-
import numpy as np
# 单层决策树算法    弱分类器
class DecisionStump:
    def __init__(self, X, y):
        self.X=np.array(X)
        self.y=np.array(y)
```

```python
        self.N=self.X.shape[0]       # 8个列

    def train(self, W, steps=1000):    # 返回所有参数中阈值最小的
        '''
        W 长度为 N 的向量, 表示 N 个样本的权值
        threshold_value 为阈值
        threshold_pos 为第几个参数
        threshold_tag 为 1 或者 -1. 大于阈值则分为 threshold_tag, 小于阈值则相反
        '''
        min = float("inf")       # 将min初始化为无穷大
        threshold_value=0
        threshold_pos=0
        threshold_tag=0
        self.W=np.array(W)

        # 分别以8个属性中的任一一个建立单层决策树
        for i in range(self.N):    # value表示阈值, errcnt表示错误的数量
            # 找到当前参数下最小的阈值, 即在当前属性下决策树错误率最低
            value, errcnt = self.findmin(i, 1, steps)
            if (errcnt < min):
                min = errcnt
                threshold_value = value
                threshold_pos = i
                threshold_tag = 1

        # 最终更新
        self.threshold_value = threshold_value
        self.threshold_pos = threshold_pos
        self.threshold_res = threshold_tag
        print(self.threshold_value, self.threshold_pos, self.threshold_res)

        return min

    # 找出第i个参数的最小的阈值, tag为1或-1
    def findmin(self, i, tag, steps):
        t = 0
        tmp = self.predintrain(self.X, i, t, tag).transpose()    # 测试以当前阈值的情况下的预测能力
        errcnt = np.sum((tmp!=self.y)*self.W)       # 当前阈值下错误的个数

        buttom = np.min(self.X[i, :])         # 该项属性的最小值, 下界
        up = np.max(self.X[i, :])             # 该项属性的最大值, 上界

        minerr = float("inf")          # 将minerr初始化为无穷大
        value=0                        # value表示阈值
        st=(up-buttom)/steps           # 间隔

        for t in np.arange(buttom, up, st):
            tmp = self.predintrain(self.X, i, t, tag).transpose()
            errcnt = np.sum((tmp!=self.y)*self.W)
            if errcnt < minerr:
```

```
                minerr=errcnt
                value=t
        return value, minerr

    def predintrain(self, test_set, i, t, tag):   # 训练时按照阈值为 t 时预测结果
        test_set=np.array(test_set).reshape(self.N, -1)
        pre_y = np.ones((np.array(test_set).shape[1], 1))
        pre_y[test_set[i, :]*tag<t*tag]=-1
        return pre_y

    def pred(self, test_X):     # 弱分类器的预测
        test_X = np.array(test_X).reshape(self.N, -1)  # 转换为 N 行 X 列
        pre_y = np.ones((np.array(test_X).shape[1], 1))
        pre_y[test_X[self.threshold_pos, :]*self.threshold_res < self.threshold_value*self.threshold_res]=-1
        return pre_y
```

主文件 .py：

```
# -*- coding: utf-8 -*-
# coding: UTF-8

import numpy as np
from AdaBoost import AdaBoost
from sklearn.model_selection import train_test_split
from sklearn.metrics import accuracy_score

def main():
    # load data
    dataset = np.loadtxt('data.txt', delimiter=",")
    x = dataset[:, 0:8]
    y = dataset[:, 8]
    n1=500

    # 准备训练数据
    x_train, x_test, y_train, y_test = train_test_split(x, y, test_size=0.3, random_state=2018)
    x_train=x_train.transpose()
    y_train[y_train==1] = 1
    y_train[y_train==0] = -1

    x_test=x_test.transpose()
    y_test[y_test == 1] = 1
    y_test[y_test == 0] = -1

    # 训练
    ada=AdaBoost(x_train, y_train)
    ada.train(10)

    # 预测
    y_pred = ada.pred(x_test)
```

```
        print "total test", len(y_pred)
        print "true pred", len(y_pred[y_pred == y_test])
        print "acc", accuracy_score(y_test, y_pred)

if __name__ == '__main__':
    main()
```

程序运行结果如下。

```
(144.54, 1, 1)
weak classfier acc 0.744299674267101
======================================================
(28.200000000000017, 7, 1)
weak classfier acc 0.6482084690553745
======================================================
(30.194999999999997, 5, 1)
weak classfier acc 0.6058631921824105
======================================================
(52.46, 2, -1)
weak classfier acc 0.6254071661237784
======================================================
(106.92, 1, 1)
weak classfier acc 0.6319218241042345
======================================================
(0.7103399999999999, 6, 1)
weak classfier acc 0.6465798045602605
======================================================
(26.168999999999997, 5, 1)
weak classfier acc 0.5390879478827362
======================================================
(7.140000000000001, 0, 1)
weak classfier acc 0.6563517915309446
======================================================
(0.21852, 6, 1)
weak classfier acc 0.4771986970684039
======================================================
(40.931, 5, 1)
weak classfier acc 0.6661237785016286
======================================================
total test 154
true pred 124
acc 0.8051948051948052
```

9.6 算法的改进与优化

AdaBoost 算法简单易用，自出现以来就受到广大机器学习开发者的追捧，对 AdaBoost 算法的改进主要集中在以下三个方面。

1. 权值更新方法的改进

在实际训练过程中可能会存在正负样本失衡的问题，分类器会过于关注大容量样本，导致分类器不能较好地完成区分小样本的目的。此时可以适度增大小样本的权重使重心达到平衡。在实际训练中还会出现困难样本权重过高而发生过拟合的问题，因此有必要设置困难样本分类的权值上限。

2. 训练方法的改进

AdaBoost 由于其多次迭代训练分类器的原因，训练时间一般会比别的分类器长。对此一般可以采用实现 AdaBoost 的并行计算或者在训练过程中动态剔除掉权重偏小的样本以加速训练过程。

3. 多算法结合的改进

除了以上算法外，AdaBoost 还可以考虑与其他算法结合产生新的算法，如在训练过程中使用 SVM 算法加速挑选简单分类器来替代原始 AdaBoost 中的穷举法挑选简单分类器。

9.7 本章小结

本章主要介绍了机器学习中的 AdaBoost 算法。本章首先对 AdaBoost 算法进行了简要介绍，该算法旨在通过对多个弱学习器的训练构建出一个强学习器，弱学习器可以是决策树、SVM 等简单分类器，通过不断调整样本在训练过程中的权重不断提升弱分类器的分类能力。其次，本章以流程图的形式给出算法的整体框架，然后对算法流程中的各个环节进行了详细的描述。算法实例与算法应用给出了本章算法的 Python 实现及该算法在实际生活中的简单应用。学完本章之后，读者应该能够使用 AdaBoost 算法提升分类器的性能，并理解 AdaBoost 的基本原理。

9.8 本章习题

1. 选择题

（1）下述不属于集成学习的算法是（　　）。

    A. Bagging   B. AdaBoost   C. 决策树   D. 随机森林

（2）以下说法中正确的是（　　）。

    A. SVM 对噪声（如来自其他分布的噪声样本）鲁棒

    B. 在 AdaBoost 算法中，所有被分类错误的样本的权重更新比例相同

    C. Boosting 和 Bagging 都是组合多个分类器投票的方法，都是根据单个分类器的正确率决定其权重

D. 给定 n 个数据点，如果其中一半用于训练，一半用于测试，则训练误差和测试误差之间的差别会随着 n 的增加而增大

2. 填空题

（1）Bagging 的各个预测函数可以_____生成，而 Boosting 的各个预测函数只能_____生成。

（2）Bagging 采用_____的取样方式，而 Boosting 根据_____取样。

3. 判断题

AdaBoost 算法属于 Bagging 算法。（　　）

4. 编程题

某公司招聘程序员时要考察身体素质、编程能力、算法能力3项。3项指标均为十分制，1分最低，10分最高，分为合格（1）、不合格（-1）两类。已知有15人的数据，如下表所示。假设弱分类器为决策树桩。试用 AdaBoost 算法学习一个强分类器。

程序员 指标	1	2	3	4	5	6	7	8	9	10	11	12	13	14	15
身体	3	8	8	3	6	6	2	1	9	4	5	8	4	3	2
编程	8	8	3	8	3	5	2	1	5	7	4	3	2	6	1
算法	5	8	3	8	4	8	9	1	2	9	7	5	4	2	1
分类	-1	1	-1	-1	-1	1	-1	-1	-1	1	1	1	-1	-1	-1

CHAPTER 10

第 10 章

决策树算法

10.1 算法概述

决策树（Decision Tree）算法是在已知各种情况发生概率的基础上，通过构成决策树来求取净现值的期望值大于等于零的概率，评价项目风险，判断其可行性的决策分析方法，它是直观运用概率分析的一种图解法。由于这种决策分支画成图形很像一棵树的枝干，故称为决策树。决策树生成算法主要有 ID3、C4.5 和 C5.0 生成树算法。

在机器学习中，决策树是一个预测模型，它代表的是对象属性与对象值之间的一种映射关系。决策树是一种十分常用的分类方法，属于有监督学习。决策树的目的是拟合一个可以通过指定输入值预测最终输出值的模型。如图 10-1 所示，每一个中间节点会去响应输入值中的某一变量值，该节点的边所指向的子节点可以指示输入值可能产生的新的响应值。每一个叶节点可以代表输入值所对应的一种最终输出值（最终输出值不唯一）。

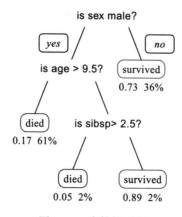

图 10-1 决策树示例

10.2 算法流程

决策树生成算法有很多种，如 ID3、C4.5 和 C5.0 等。本书仅提供 ID3 实现方法，具体实现流程如图 10-2 所示。

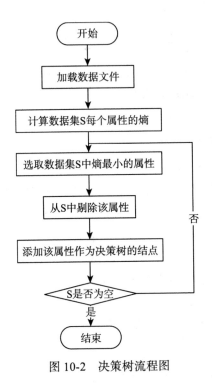

图 10-2 决策树流程图

10.3 算法步骤

选择属性是构建一棵决策树非常关键的一步。被选择的属性会成为决策树的一个节点，并且不断递归地选择最优的属性就可以最终构建决策树。

10.3.1 两个重要概念

1. 熵

熵是接收的每条信息中所包含信息的平均量，是不确定性的量度，而不是确定性的量度，因为越随机的信源的熵越大。熵被定义为概率分布的对数的相反数。

依据波尔兹曼 H 定理（Boltzmann's H-theorem），香农把随机变量 X 的熵值 $H(X)$ 定义如下，其值域为 $\{x_1, \cdots, x_n\}$

$$H(X) = E[I(X)] = E[-\ln(P(X))]$$

其中，P 为 X 的概率质量函数（probability mass function），E 为期望函数，而 $I(X)$ 是 X 的信息量（又称为自信息）。$I(X)$ 本身是个随机变量。

当样本取自有限的样本集时，熵的公式可以表示为：

$$H(X) = \sum_i P(x_i) I(x_i) = -\sum_i P(x_i) \log_b P(x_i)$$

在这里 b 是对数所使用的底，通常是 2、自然常数 e 或 10。当 $b = 2$ 时，熵的单位是 bit；当 $b = e$ 时，熵的单位是 nat；而当 $b = 10$ 时，熵的单位是 Hart。

如果有一个系统 S 内存在多个事件，$S=\{E_1, E_2, \cdots, E_n\}$，每个事件的概率分布 $P=\{p_1, p_2, \cdots, p_n\}$，则每个事件本身的信息量（自信息）为：

$$I_e = -\log_2 p_i \quad (\text{对数以 2 为底，单位是比特（bit））}$$

如英语有 26 个字母，假如每个字母在文章中出现次数平均的话，每个字母的信息量为：

$$I_e = -\log_2 \frac{1}{26} = 4.7$$

实际上每个字母和每个汉字在文章中出现的次数并不平均，比如说较少见字母（如 z）和罕用汉字就具有相对高的信息量。但上述计算表明：使用书写单元越多的文字，每个单元所包含的信息量越大，因为熵是整个系统的平均信息量。

2. 信息增益

"信息增益"（Information Gain）用来衡量一个属性区分数据样本的能力。当使用某一属性作为一棵决策树的根节点时，该属性的信息增益量越大，这棵决策树也就越简洁。比如一棵决策树可以定义为：如果风力弱，就去玩；风力强，再按天气、温度等分情况讨论，此时用风力作为这棵树的根节点就很有价值。如果这棵决策树被定义为：风力弱，并且天气晴朗，就去玩；如果风力强，则分情况讨论，那么这棵决策树相对就不够简洁。

信息增益是信息熵 H 的变形，定义如下：

$$\begin{aligned}IG(T,a) &= H(T) - H(T|a) \\ &= H(T) - \sum_{v \in \text{vals}(a)} P_a(v) H(S_a(v)) \\ &= H(T) - \sum_{v \in \text{vals}(a)} \frac{|S_a(v)|}{|T|} H(S_a(v))\end{aligned}$$

其中，T 是所有的样本集，$S_a = \{x_a \in T | x_a = v\}$，$S_a$ 是样本集 T 中属性 a 等于值 v 的样本集。

10.3.2 实现步骤

决策树算法的实现步骤如下。

（1）计算数据集 S 中每个属性的熵 $H(x_i)$。

（2）选取数据集 S 中熵值最小（或者信息增益最大，两者等价）的属性。

（3）在决策树上生成该属性节点。

（4）使用剩余结点重复以上步骤生成决策树的属性节点。

10.4 算法实例

本节主要根据 10.3 节的算法步骤实现决策树算法。算法的实现由两个文件组成，第一个文件 DecisionTree.py 是算法的主要逻辑，第二个文件 Node.py 是决策树单个节点的属性和方法定义。程序实现如下。

DecisionTree.py：

```python
import math

#find item in a list
def find(item, list):
    for i in list:
        if item(i):
            return True
        else:
            return False

def majority(attributes, data, target):
    # 寻找目标属性
    valFreq = {}
    index = attributes.index(target)

    for tuple in data:
        if (valFreq.has_key(tuple[index])):
            valFreq[tuple[index]] += 1
        else:
            valFreq[tuple[index]] = 1
    max = 0
    major = ""
    for key in valFreq.keys():
        if valFreq[key]>max:
            max = valFreq[key]
            major = key
    return major

# 计算在给定数据集中目标属性的熵
def entropy(attributes, data, targetAttr):
```

```python
        valFreq = {}
        dataEntropy = 0.0

        # 确定目标属性的索引
        i = 0
        for entry in attributes:
            if (targetAttr == entry):
                break
            ++i

        for entry in data:
            if (valFreq.has_key(entry[i])):
                valFreq[entry[i]] += 1.0
            else:
                valFreq[entry[i]]  = 1.0

        for freq in valFreq.values():
            dataEntropy += (-freq/len(data)) * math.log(freq/len(data), 2)
        return dataEntropy

def gain(attributes, data, attr, targetAttr):
    # 计算信息增益
    valFreq = {}
    subsetEntropy = 0.
    i = attributes.index(attr)

    for entry in data:
        if (valFreq.has_key(entry[i])):
            valFreq[entry[i]] += 1.0
        else:
            valFreq[entry[i]]  = 1.0

    # 计算每个子集的熵的综合
    for val in valFreq.keys():
        valProb        = valFreq[val] / sum(valFreq.values())
        dataSubset     = [entry for entry in data if entry[i] == val]
        subsetEntropy += valProb * entropy(attributes, dataSubset, targetAttr)

    return (entropy(attributes, data, targetAttr) - subsetEntropy)

# 挑选最佳属性
def chooseAttr(data, attributes, target):
    best = attributes[0]
    maxGain = 0;
    for attr in attributes:
        newGain = gain(attributes, data, attr, target)
        if newGain>maxGain:
            maxGain = newGain
            best = attr
    return best
```

```python
def getValues(data, attributes, attr):
    index = attributes.index(attr)
    values = []
    for entry in data:
        if entry[index] not in values:
            values.append(entry[index])
    return values

def getExamples(data, attributes, best, val):
    examples = [[]]
    index = attributes.index(best)
    for entry in data:
        #find entries with the give value
        if (entry[index] == val):
            newEntry = []
            #add value if it is not in best column
            for i in range(0, len(entry)):
                if(i != index):
                    newEntry.append(entry[i])
            examples.append(newEntry)
    examples.remove([])
    return examples

def makeTree(data, attributes, target, recursion):
    recursion += 1
    # 根据给定样例计算一个新的决策树
    data = data[:]
    vals = [record[attributes.index(target)] for record in data]
    default = majority(attributes, data, target)      # yes

    if not data or (len(attributes) - 1) <= 0:
        return default

    elif vals.count(vals[0]) == len(vals):
        return vals[0]
    else:
        # 挑选下一个可以更好分类数据的属性
        best = chooseAttr(data, attributes, target)
        tree = {best:{}}

        for val in getValues(data, attributes, best):
            examples = getExamples(data, attributes, best, val)
            newAttr = attributes[:]
            newAttr.remove(best)
            subtree = makeTree(examples, newAttr, target, recursion)


            tree[best][val] = subtree
    return tree
```

Node.py:

```python
class Node:
    value = ""
    children = []

    def __init__(self, val, dictionary):
        self.setValue(val)
        self.genChildren(dictionary)

    def __str__(self):
        return str(self.value)

    def setValue(self, val):
        self.value = val

    def genChildren(self, dictionary):
        if(isinstance(dictionary, dict)):
            self.children = dictionary.keys()
```

10.5 算法应用

本节主要根据 10.4 节实现的决策树算法结合已知条件（天气、温度、湿度、是否有风）训练并预测是否适合外出打球。训练数据及测试数据如表 10-1 所示。

表 10-1 决策树预测数据示例

	天气	温度	湿度	是否有风	标签
		训练数据			
1	Overcast	hot	high	FALSE	yes
2	Overcast	cool	normal	TRUE	yes
...	...	...	...	...	...
14	Sunny	cool	normal	FALSE	yes
15	Sunny	mild	normal	TRUE	yes
		测试数据			
1	Sunny	cool	high	TRUE	—
2	Rainy	mild	normal	TRUE	—
...	...	...	...	...	—
5	rainy	hot	normal	TRUE	—

程序实现如下。

```python
import numpy as np
import pandas as pd
import Node
import DecisionTree
```

```
train_data = pd.read_csv("./WeatherTraining.csv")
attributes = train_data.columns.tolist()
train_data = train_data.values.tolist()
target = "class"
tree = DecisionTree.makeTree(train_data, attributes, target, 0)

data = pd.read_csv('./Weather.csv').values.tolist()

count = 0
for entry in data:
    count += 1
    tempDict = tree.copy()
    result = ""
    while(isinstance(tempDict, dict)):
        root = Node.Node(tempDict.keys()[0], tempDict[tempDict.keys()[0]])
        tempDict = tempDict[tempDict.keys()[0]]
        index = attributes.index(root.value)
        value = entry[index]
        if(value in tempDict.keys()):
            child = Node.Node(value, tempDict[value])
            result = tempDict[value]
            tempDict = tempDict[value]
        else:
            print "can't process input %s" % count
            result = "?"
            break
    print ("entry%s = %s" % (count, result))
```

程序运行结果如下。

```
entry1 = yes
entry2 = yes
entry3 = yes
entry4 = no
can't process input 5
entry5 = ?
```

10.6　算法的改进与优化

决策树算法是一种非常经典的算法，其在训练过程中主要依靠获得数据间的熵及信息增益作为划分依据，分类效果较好。但一般情况下，我们训练决策树均是在数据量较小的数据集上进行，当训练分类器所用的训练数据足够大时，决策树会出现树身过高、拟合效果差等问题。因此，如何高效准确地构建决策树成为模式识别领域的一项研究热点。

针对以上问题，主要有以下解决方案：

（1）使用增量训练的方式迭代训练决策树。

（2）融合 Bagging 与 Boosting 技术训练多棵决策树。

（3）对于波动不大、方差较小的数据集，可以探寻一种比较稳定的分裂准则作为解决办法。

10.7 本章小结

本章主要介绍了机器学习中的决策树算法。本章首先对决策树算法进行了简要介绍，该算法主要基于数据结构中树的结构，通过不停地分叉达到数据分类的效果。其次，本章以流程图的形式给出算法的整体框架，并在 10.3 节中给出了算法流程中的各个步骤的详细描述。10.4 节与 10.5 节分别给出了决策树算法的 Python 实现及该算法在实际生活中的简单应用。学完本章之后，读者应该能够使用决策树算法实现简单条件下的数据分类，并理解掌握决策树不同变种的实现原理。

10.8 本章习题

1. 选择题

（1）决策树使用（　　）计算最优分裂。

  A. 二阶泰勒展开系数   B. 基尼系数

  C. 相关系数   D. 正则化系数

（2）下述哪种生成算法不属于决策树生成算法？（　　）

  A. ID3   B. C4.5   C. CART   D. D4.5

2. 填空题

（1）概率模型（如决策树）不需要归一化，因为它们不关心变量的值，而是关心变量的分布和变量之间的＿＿＿＿。

（2）常见的线性分类器有：＿＿＿＿（至少 3 种），常见的非线性分类器有：＿＿＿＿（至少 3 种）。

3. 判断题

随机森林作为一种集成学习算法，是由若干个 SVM 作为弱分类器组成的。（　　）

4. 编程题

用 CART 生成算法实现决策树。

CHAPTER 11

第 11 章

高斯混合模型算法

11.1 算法概述

高斯混合模型（Gaussian Mixture Model，GMM）是一种应用广泛的聚类算法。该方法通过对多个高斯模型做线性组合，对样本数据的概率密度分布进行估计，以达到聚类的目的。

高斯混合模型的主要思想是使用高斯分布作为参数模型，并使用期望最大化（EM）算法进行参数评估。其中，每个高斯分布代表一个类。我们将样本数据分别在几个高斯分布上投影，就得到数据在各个类上的概率值，最后选取概率值最大的类作为估计结果。

从中心极限定理的角度来看，把混合模型假设为高斯模型是较为合理的。当然，也可以根据实际数据假设为任何分布类型的混合模型，不过假设为高斯模型较容易计算推导。另外，理论上，我们也可以通过增加模型的个数，使高斯混合模型近似任何类型的概率分布。

高斯混合模型的应用领域主要包括：

（1）数据集分类。

（2）图像分割及特征提取，如医学图像中将直方图的多峰特性看作多个高斯分布的叠加，以解决图像的分割问题。

（3）语音分割及特征提取，如从噪声中提取某个人的声音、从音乐中提取背景音乐等。

（4）视频分析及特征提取，如智能监控系统中对运动目标的检测提取。

11.2 算法流程

高斯混合模型的算法流程如图 11-1 所示。

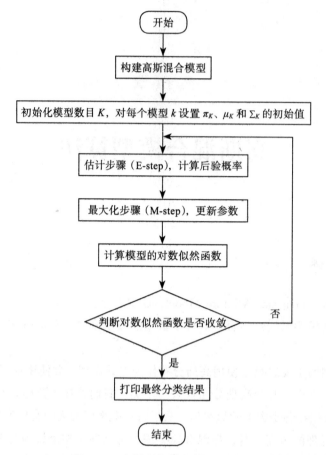

图 11-1 高斯混合模型算法流程图

11.3 算法步骤

11.3.1 构建高斯混合模型

首先，需要对高斯混合模型的形式进行改写，以便于使用 EM 算法估计模型参数。高斯混合模型的原始形式如下：

$$p(x) = \sum_{k=1}^{K} \pi_k \mathcal{N}(x \mid \mu_k, \Sigma_k) \tag{11-1}$$

其中，K 表示高斯分布模型的个数，K 个模型就对应 K 个聚类。π_k 为第 k 个模型的权重，也可以看成第 k 类被选中的概率。引入一个新的 K 维随机变量 z，z_k 只能取 0 或 1 两个值。$z_k = 1$ 表示第 k 类被选中的情况，即 $p(z_k = 1) = \pi_k$；$z_k = 0$ 表示第 k 类未被选中的情况。z_k 满足以下两个条件：

$$z_k \in \{0,1\}$$
$$\sum_{k=1}^{K} p(z_k) = 1 \qquad (11\text{-}2)$$

假设 z_k 之间是独立同分布的，可以写出 z 的联合概率分布形式：

$$p(z) = p(z_1)p(z_2)\cdots p(z_k) = \prod_{k=1}^{K} \pi_k^{z_k} \qquad (11\text{-}3)$$

每一类中的数据都服从高斯分布，用条件概率的形式表示如下：

$$p(x \mid z_k = 1) = \mathcal{N}(x \mid \mu_k, \Sigma_k) \qquad (11\text{-}4)$$

进而可以写出如下形式：

$$p(x \mid z) = \prod_{k=1}^{K} \mathcal{N}(x \mid \mu_k, \Sigma_k)^{z_k} \qquad (11\text{-}5)$$

根据条件概率公式，可以求出 $p(x)$ 的形式：

$$\begin{aligned} p(x) &= \sum_z p(z) p(x \mid z) \\ &= \sum_{k=1}^{K} \pi_k \mathcal{N}(x \mid \mu_k, \Sigma_k) \end{aligned} \qquad (11\text{-}6)$$

式（11-6）为改进后的高斯混合模型，可以看到该式与原始模型有一样的形式。式（11-6）中引入了新的变量 z，但 $z_k = 0$ 的项为 1，省略。变量 z 通常称为隐含变量。"隐含"的意思是：我们随机抽取一个数据点，但是不知道该数据点属于哪一类，数据点的归属观察不到，因此引入隐含变量 z 来描述这一现象。

在贝叶斯的思想下，我们能求得后验概率 $p(z \mid x)$：

$$\begin{aligned} \gamma(z_k) &= p(z_k = 1 \mid x) \\ &= \frac{p(z_k = 1) p(x \mid z_k = 1)}{p(x, z_k = 1)} \\ &= \frac{p(z_k = 1) p(x \mid z_k = 1)}{\sum_{j=1}^{K} p(z_j = 1) p(x \mid z_j = 1)} \\ &= \frac{\pi_k \mathcal{N}(x \mid \mu_k, \Sigma k)}{\sum_{j=1}^{K} \pi_j \mathcal{N}(x \mid \mu_j, \Sigma j)} \end{aligned} \qquad (11\text{-}7)$$

11.3.2 EM 算法估计模型参数

假设样本数据 $X = \{x_1, x_2, \ldots, x_N\}$，高斯混合模型有 3 个参数需要估计，分别是 π_k、μ_k

和 Σ_k。为了估计这 3 个参数，需要分别求解出这 3 个参数的最大似然函数。

（1）初始化模型数目 K，对每个模型 k 设置 π_k、μ_k 和 C_k 的初始值。

我们有两种方案对模型参数进行初始化。一种是将协方差矩阵 C_k 设为单位矩阵，每个模型的权重 $\pi_k=1/K$，均值 μ_k 设为随机数；另一种方案是由 k-means 聚类算法对样本进行聚类，得到 K 值，然后利用各类的均值作为 μ_k，并计算协方差矩阵 Σ_k，π_k 取各类样本占样本总数的比例。

（2）估计步骤（E-step），计算后验概率。

根据当前的 π_k、μ_k 和 Σ_k，计算后验概率 $\gamma(z_{nk})$：

$$\gamma(z_{nk}) = \frac{\pi_k \mathcal{N}(x_n \mid \mu_k, \Sigma_k)}{\sum_{j=1}^{K} \pi_j \mathcal{N}(x_n \mid \mu_j, \Sigma_j)} \qquad (11\text{-}8)$$

（3）最大化步骤（M-step），更新参数。

根据 E-step 中计算的 $\gamma(z_{nk})$ 再计算新的 π_k、μ_k 和 Σ_k：

$$\mu_k^{\text{new}} = \frac{1}{N_k} \sum_{n=1}^{N} \gamma(z_{nk}) x_n \qquad (11\text{-}9)$$

$$\Sigma_k^{\text{new}} = \frac{1}{N_k} \sum_{n=1}^{N} \gamma(z_{nk})(x_n - \mu_k^{\text{new}})(x_n - \mu_k^{\text{new}})^{\text{T}} \qquad (11\text{-}10)$$

$$\pi_k^{\text{new}} = \frac{N_k}{N} \qquad (11\text{-}11)$$

其中，

$$N_k = \sum_{n=1}^{N} \gamma(z_{nk}) \qquad (11\text{-}12)$$

N 表示样本数据的量，$\gamma(z_{nk})$ 表示数据 n 属于聚类 k 的后验概率。则 N_k 表示属于第 k 个聚类的数据的量。μ_k^{new} 表示第 k 类数据的加权平均，每个样本数据的权值是 $\gamma(z_{nk})$，跟第 k 个聚类有关。

（4）收敛条件。

计算模型的对数似然函数：

$$\ln p(x \mid \pi, \mu, \Sigma) = \sum_{n=1}^{N} \ln \left\{ \sum_{k=1}^{K} \pi_k \mathcal{N}(x_k \mid \mu_k, \Sigma_k) \right\} \qquad (11\text{-}13)$$

检查参数是否收敛或对数似然函数是否收敛，收敛则退出迭代，否则返回第（2）步。

11.4 算法实例

下面是一个简单的模型，实现了上一节的高斯混合模型算法，具体程序如下。

```python
from __future__ import print_function
import numpy as np
def generateData(k, mu, sigma, dataNum):
    '''
    产生混合高斯模型的数据
    :param k: 比例系数
    :param mu: 均值
    :param sigma: 标准差
    :param dataNum: 数据个数
    :return: 生成的数据
    '''
    # 初始化数据
    dataArray = np.zeros(dataNum, dtype=np.float32)
    # 逐个依据概率产生数据
    # 高斯分布个数
    n = len(k)
    for i in range(dataNum):
        # 产生[0, 1]之间的随机数
        rand = np.random.random()
        Sum = 0
        index = 0
        while(index < n):
            Sum += k[index]
            if(rand < Sum):
                dataArray[i] = np.random.normal(mu[index], sigma[index])
                break
            else:
                index += 1
    return dataArray
def normPdf(x, mu, sigma):
    '''
    计算均值为mu、标准差为sigma的高斯分布函数的密度函数值
    :param x: x值
    :param mu: 均值
    :param sigma: 标准差
    :return: x处的密度函数值
    '''
    return (1./np.sqrt(2*np.pi))*(np.exp(-(x-mu)**2/(2*sigma**2)))
def em(dataArray, k, mu, sigma, step = 10):
    '''
```

```python
    em算法估计高斯混合模型
    :param dataNum：已知数据个数
    :param k：每个高斯分布的估计系数
    :param mu：每个高斯分布的估计均值
    :param sigma：每个高斯分布的估计标准差
    :param step：迭代次数
    :return：估计参数[k, mu, sigma]
    '''
    # 高斯分布个数
    n = len(k)
    # 数据个数
    dataNum = dataArray.size
    # 初始化gama数组
    gamaArray = np.zeros((n, dataNum))
    for s in range(step):
        for i in range(n):
            for j in range(dataNum):
                Sum = sum([k[t]*normPdf(dataArray[j], mu[t], sigma[t]) for t in range(n)])
                gamaArray[i][j] = k[i]*normPdf(dataArray[j], mu[i], sigma[i])/float(Sum)
        # 更新mu
        for i in range(n):
            mu[i] = np.sum(gamaArray[i]*dataArray)/np.sum(gamaArray[i])
        # 更新sigma
        for i in range(n):
            sigma[i] = np.sqrt(np.sum(gamaArray[i]*(dataArray - mu[i])**2)/np.sum(gamaArray[i]))
        # 更新系数k
        for i in range(n):
            k[i] = np.sum(gamaArray[i])/dataNum
    return [k, mu, sigma]

if __name__ == '__main__':
    # 参数的准确值
    k = [0.3, 0.4, 0.3]
    mu = [2, 4, 3]
    sigma = [1, 1, 4]
    # 样本数
    dataNum = 5000
    # 产生数据
    dataArray = generateData(k, mu, sigma, dataNum)
    # 参数的初始值
    # 注意em算法对于参数的初始值是十分敏感的
```

```
        k0 = [0.3, 0.3, 0.4]
        mu0 = [1, 2, 2]
        sigma0 = [1, 1, 1]
        step = 6
        # 使用em算法估计参数
        k1, mu1, sigma1 = em(dataArray, k0, mu0, sigma0, step)
        # 输出参数的值
        print(" 参数实际值:")
        print("k:", k)
        print("mu:", mu)
        print("sigma:", sigma)
        print(" 参数估计值:")
        print("k1:", k1)
        print("mu1:", mu1)
print("sigma1:", sigma1)
```

实验结果如下。

```
参数实际值:
k: [0.3, 0.4, 0.3]
mu: [2, 4, 3]
sigma: [1, 1, 4]
参数估计值:
k1:[0.3999891093184472, 0.25714752457780865, 0.3428633661037441]
mu1:[2.6692649315371346, 3.326249284776025, 3.3262492847760234]
sigma1:[3.326827975013452, 1.5867107329642023, 1.5867107329641992]
```

11.5 算法应用

该应用通过设计由两个高斯分布组成的混合模型,实现对男女身高分布的估计,并使用 EM 算法检验各个分布的比重等参数是否准确。应用具体程序如下:

```
import numpy as np
import matplotlib.pyplot as plt
def Normal(x, mu, sigma):# 一元高斯分布概率密度函数
    return np.exp(-(x-mu)**2/(2*sigma**2))/(np.sqrt(2*np.pi)*sigma)
'''
下面给出 K=2,即由两个高斯分布组成的混合模型,分别是男女身高分布。已经给出了各自分布的比重等参
数,用来检验算法生成的参数估计是否准确。
'''
N_boys=77230  # 比重 77.23%
```

```python
N_girls=22770  # 比重 22.77%
N=N_boys+N_girls  # 观测集大小
K=2  # 高斯分布模型的数量

np.random.seed(1)
# 男生身高数据
mu1=1.74  # 均值

sig1=0.0865  # 标准差
BoyHeights=np.random.normal(mu1, sig1, N_boys)  # 返回随机数
BoyHeights.shape=N_boys, 1

# 女生身高数据
mu2=1.63
sig2=0.0642
GirlHeights=np.random.normal(mu2, sig2, N_girls)  # 返回随机数
GirlHeights.shape=N_girls, 1
data=np.concatenate((BoyHeights, GirlHeights))  # 合并身高数据，N 行 1 列

# 随机初始化模型参数
Mu=np.random.random((1, 2))  # 平均值向量
#Mu[0][0]#Mu[0][1]
SigmaSquare=np.random.random((1, 2))  # 模型迭代用 SigmaSquare
#SigmaSquare[0][0]#SigmaSquare[0][1]
# 随机初始化各模型比重系数（大于等于 0，且和为 1）
a=np.random.random()
b=1-a
Alpha=np.array([[a, b]])
#Alpha[0][0]#Alpha[0][1]


i=0  # 迭代次数

while(True):  # 用 EM 算法迭代求参数估计
    i+=1
    #Expectation
    gauss1=Normal(data, Mu[0][0], np.sqrt(SigmaSquare[0][0]))  # 第一个模型
    gauss2=Normal(data, Mu[0][1], np.sqrt(SigmaSquare[0][1]))  # 第二个模型
    Gamma1=Alpha[0][0]*gauss1
    Gamma2=Alpha[0][1]*gauss2
    M=Gamma1+Gamma2
    #Gamma=np.concatenate((Gamma1/m, Gamma2/m), axis=1), 元素 (j, k) 为第 j 个样本来
自第 k 个模型的概率，聚类时用来判别样本分类
    #Maximization
    # 更新 SigmaSquare
```

```
        SigmaSquare[0][0]=np.dot((Gamma1/M).T, (data-Mu[0][0])**2)/np.sum(Gamma1/M)

        SigmaSquare[0][1]=np.dot((Gamma2/M).T, (data-Mu[0][1])**2)/np.sum(Gamma2/M)
        # 更新 Mu
        Mu[0][0]=np.dot((Gamma1/M).T, data)/np.sum(Gamma1/M)
        Mu[0][1]=np.dot((Gamma2/M).T, data)/np.sum(Gamma2/M)
        # 更新 Alpha
        Alpha[0][0]=np.sum(Gamma1/M)/N
        Alpha[0][1]=np.sum(Gamma2/M)/N
        if(i%1000==0):
            print "第", i, "次迭代:"
            print "Mu:", Mu
            print "Sigma:", np.sqrt(SigmaSquare)
            print "Alpha", Alpha
# 当参数估计不再有显著变化时,退出即可。
```

实验结果如下。

```
第 1000 次迭代:
Mu: [[1.69158096 1.81351645]]
Sigma: [[0.08290613 0.06910282]]
Alpha [[0.8052463 0.1947537]]
第 2000 次迭代:
Mu: [[1.66546185 1.77757417]]
Sigma: [[0.07449493 0.07662274]]
Alpha [[0.55520947 0.44479053]]
……
第 367000 次迭代:
Mu: [[1.63936617 1.74632806]]
Sigma: [[0.06715743 0.08502914]]
Alpha [[0.28982018 0.71017982]]
第 368000 次迭代:
Mu: [[1.63936617 1.74632806]]
Sigma: [[0.06715743 0.08502914]]
Alpha [[0.28982018 0.71017982]]
```

11.6 算法的改进与优化

因提出时间较早,随着其他技术的不断更新和完善,高斯混合模型的诸多不足之处也逐渐显露,因此许多高斯混合模型的改进算法也应运而生。高斯混合模型是用高斯概率密度函数精确地量化事物,它是一个将事物分解为若干基于高斯概率密度函数形成的模型。

在这个过程中，容易出现 K 值固定导致估计参数不具有最优性的问题。针对以上算法的不足，算法的改进方法主要为自适应调整 K 值。

高斯混合模型保持固定不变的高斯模型个数 K，会造成系统运算资源的浪费。一种改进方法是利用最大似然估计提出高斯混合模型个数的选择方法，引入了负的先验系数，当权值小于阈值时，减少高斯模型个数。另一种改进方法是消除混合分量，在此判断 K 的最优值，从而使高斯混合模型对数据集进行最佳拟合。如果两个混合分量有相同参数，在混合分量中采用竞争原则，将不必要的混合分量消除。

11.7 本章小结

本章从高斯混合模型的思想以及应用领域入手，用流程图的形式对算法进行整体讲解，介绍了高斯混合模型的建立过程和代码实现过程，并通过一个小案例演示了如何通过高斯混合模型对男女身高分布进行估计和检验，最后提出对算法的改进与优化。学完本章后，读者应该掌握并会应用高斯混合模型，了解高斯混合模型的改进与优化方式。

11.8 本章习题

1. 选择题

（1）高斯混合模型（GMM）的极大似然估计（MLE）(　　)。

　　A. 只能得到非退化（协方差矩阵正定）的局部最优解

　　B. 存在非退化的全局最优解

　　C. 解情况依赖于数据分布

（2）以下几种模型方法属于生成式模型（Discriminative Model）的有（　　）。

　　① 高斯混合模型　　② 线性回归算法　　③ SVM　　④ 朴素贝叶斯算法

　　A. ②③　　　　　　B. ③④　　　　　　C. ①④　　　　　　D. ①②

（3）考虑两个分类器：①核函数取二次多项式的 SVM 分类器；②没有约束的高斯混合模型（每个类别为一个高斯模型）。我们对 R2 空间的点进行两类分类。假设数据完全可分，SVM 分类器中不加松弛惩罚项，并且假设有足够多的训练数据来训练高斯模型的协方差。下面说法正确的是（　　）。

　　A. SVM 的 VC 维大于高斯混合模型的 VC 维

　　B. SVM 的 VC 维小于高斯混合模型的 VC 维

　　C. 两个分类器的结构风险值相同

　　D. 两个分类器的 VC 维相同

2. 填空题

（1）GMM 模型通过使用_____算法进行参数评估。

（2）GMM 模型用_____精确地量化事物。

（3）GMM 模型造成系统运算资源浪费的一种方法是_____。

3. 判断题

（1）高斯混合模型不能平滑地近似任意形状的密度分布。（　　）

（2）高斯混合模型是一种聚类算法。（　　）

（3）高斯混合模型使用多个高斯分布的组合来刻画数据分布。（　　）

4. 编程题

请构建 GMM 模型，可视化西雅图佛瑞蒙大桥（Fremont Bridge）的自行车数量。这些数据来自于 2012 年年底安装的自动化自行车计数器，在桥的东西侧人行道上设有感应式传感器。（数据集下载地址：https://pan.baidu.com/s/1fSizpYhvNE6tjuPK6RJonw。）

第 12 章

随机森林算法

12.1 算法概述

提到随机森林,首先要引出集成学习的概念,百度百科中对集成学习的解释是这样的:集成学习是使用一系列学习器进行学习,并使用某种规则把各个学习结果进行整合从而获得比单个学习器学习效果更好的一种机器学习方法。这就好比我们在观看跳舞节目的时候,如果看一个人独舞的话,我们可能更多关注的是他的舞步,也就是他每一个分解步骤,而在看群舞的时候,我们会比较在意集体的协调性,而一段群舞好看与否也取决于这种协调性的好坏,集成学习的分类效果一定程度上也依赖于这种协调性。我们在研究分类问题过程中,传统的机器学习分类算法有很多,如决策树算法、支持向量机算法等。但这些算法都是单个分类器,它们有性能提升的瓶颈以及过拟合的问题,正因为如此,集成学习应运而生,它的关键意义在于可以通过集成多个分类器来提高预测性能。常见的集成学习方法有 Bagging(并行)和 Boosting(串行),两者的区别在于集成的方式是并行还是串行,而随机森林便是 Bagging 的一种扩展变体。

传统意义上的随机森林是基于决策树的一种集成学习算法。决策树是广泛应用的一种树状分类器,在树的每个节点上通过选择最优的分裂特征不停地进行分类,直到达到建树的停止条件,比如叶节点里的数据都属于同一个类别。当输入待分类样本时,决策树确定一条由根节点到叶节点的唯一路径,该路径叶节点的类别就是待分类样本的所属类别。决策树是一种简单且快速的非参数分类方法,一般情况下,它有很好的准确率,然而当数据复杂时,决策树有性能提升的瓶颈。随机森林以决策树为基分类器,它包含多个由 Bagging 集成学习技术训练得到的决策树,当输入待分类的样本时,最终的分类结果由单个决策树的输出结果投票决定。通过这种改进得到的随机森林,解决了决策树性能瓶颈的问题,对噪声和异常值有较好的容忍性,对高维数据分类问题具有良好的可扩展性和并行性。此外,随机森林还是由数据驱动的一种非参数分类方法,只需通过对给定样本的学习训练分类规则，并不需要先验知识。

在随机森林研究领域，目前有三个方面的研究热点。

（1）在随机森林算法性能改进方面的研究。特别是在高维数据情况下，随机森林算法的性能还有待提高。

（2）在随机森林算法理论性质方面的研究。相比于随机森林在应用方面的大量研究，其理论研究明显滞后。随机森林算法的一致性还没有被完全证明。

（3）同样作为分层算法，随机森林和目前最热的深度学习有怎样的区别和联系，以及如何结合产生更好的算法，也是目前研究的一个热点。

12.2 算法流程

随机森林算法的流程如图 12-1 所示。

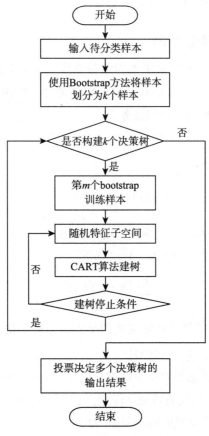

图 12-1　随机森林算法流程图

12.3 算法步骤

本章主要介绍随机森林算法,理解随机森林算法需要集成学习基础,建议读者在阅读本章前先理解 Bagging 和 Boosting 方法。

随机森林算法构建的主体思想是 Bagging,这里我们通过 Bagging 的方式,以决策树为基分类器,从数据集的构建、分类模型的构建以及投票组合三个方面对算法步骤进行具体分析。

12.3.1 构建数据集

从原始的样本数据集中使用 Bootstrap 方法随机抽取(有放回)样本,共进行 k 次抽取,生成 k 个数据集。

Bootstrap 方法也称作"自助法",其大致思想为有放回地进行抽样,它是非参数统计中的一种重要的估计统计量方差进而进行区间估计的方法。简单来说,Bootrap 方法就是尽可能地使随机且有放回抽取样本集的方式更加有效。

12.3.2 基于数据集构建分类器

这部分需要通过抽样得到的数据集来训练分类器。在分类器部分用到了前面讲到的决策树,具体来说用到的是决策树中最常见的 CART 部分,CART 全名为 Classification And Regression Trees,主要用于分类、回归任务。

1. CART 回归树模型

这里可以将回归树模型表示为:

$$f(x) = \sum_{m=1}^{M} c_m I(x \in D_m) \quad (12\text{-}1)$$

这里数据空间被划分为 $D_1 \sim D_m$ 单元,每个单元上有一个固定的输出值。我们可以以此计算模型输出值与实际值之间的误差,定义如下:

$$\sum_{x_i \in D_m} (y_i - f(x_i))^2 \quad (12\text{-}2)$$

我们希望每个单元的 c_m 能够使此定义式的平方误差最小化,可以看出当每个单元的实际值接近于均值时,该式结果可以达到最优。

理解这部分以后我们首先需要对决策树进行划分,划分规则如下:

(1)以遍历数据集 D 上的所有特征(注意:在随机森林中这部分为随机特征子空间)下的可能取值 s 作为切分点将数据集划分为 D_1 和 D_2。

(2)分别计算两个子集的平方误差和,选择最小的平方误差和对应的特征和分割点,生成两个子节点。

（3）调用步骤（1）、（2）直到满足停止条件。

至此，一个完整的回归树模型完成了，其对应随机森林部分建树过程是相同的，如果要利用随机森林解决回归问题的话，宜采用此模型作为基模型。

2. CART 分类树模型

不同于回归模型，此处分类模型对于特征划分点的判断是基于基尼（GINI）系数而非平方误差和。什么是 GINI 系数呢？百度百科中的解释是：国际上通用的、用以衡量国家或者地区居民收入差距的一种指标。它的值域为 0～1 且 GINI 系数越大，收入不平等程度越高。CART 巧妙地将 GINI 系数引入分类树模型中，它可以衡量数据的不纯度或者不确定性，用以解决类别变量的最优二分划分问题。

具体应用到分类问题中 GINI 系数定义如下：

$$\text{GINI}(p) = \sum_{k=1}^{K} p_k (1 - p_k) = 1 - \sum_{k=1}^{K} p_k^2 \tag{12-3}$$

假设有 k 个类，p_k 为样本属于第 k 类的概率。

将此定义应用于将数据集 D 划分为 D_1 和 D_2 的过程中，则 GINI 在此处可以表达为：

$$\text{GINI}(D, A) = \frac{|D_1|}{|D|} \text{GINI}(D_1) + \frac{|D_2|}{|D|} \text{GINI}(D_2) \tag{12-4}$$

该式表示数据集 D 中的 A 特征在划分为 D_1 和 D_2 情况下的 GINI 系数值，即分别为 D_1 和 D_2 在整个数据集中所占比例乘以各自的 GINI 系数并求和。

至此，我们将 GINI 替换回归模型中的平方误差和作为最终的判断准则，将输出部分从回归模型完成回归任务产生的误差变为分类任务中的分类标签，即完成了分类器的构建。

值得注意的是，随机森林在决策树构建过程中引入了随机特征子空间的概念，随机特征子空间本身也是一种重要的集成学习算法思想，其主要通过随机选取多个特征作为子空间供决策树在选取最优特征时用于分裂树节点。常规的分裂过程是在所有特征中进行筛选的，特征之间的关联性可能会导致泛化能力不足，而从随机特征子空间中进行最优特征的选取可以有效避免这个问题。

12.3.3 投票组合得到最终结果并分析

建好 k 个决策树后，我们利用训练好的模型对数据进行分析预测，得到的 k 组数据结果分别来自 k 个分类器，之后对输出结果进行多数投票组合，多次迭代之后得到最终的最优预测结果。

在得到预测结果后，我们通过其与真实结果的对比对分类的精确度进行了简单评估分析。

12.4　算法实例

本节结合一个简单的分类程序对随机森林算法的分类步骤进行了解析，每一个方法对应一个简单的功能并加入了详细的方法说明，在算法的最后同时给出了测试程序以便读者在运行代码的过程中更加深刻地理解算法思想。需要注意的是，算法数据接收部分需要导入一个 CSV 文件，该文件以特征 1、特征 2、特征 3、特征 4、标签的形式（每一行数据均为该形式）引入，最后在测试部分直接输出了分类识别精度作为算法的评价参考。读者可以参考这个形式自己构建 CSV 数据文件，也可以使用 https://github.com/CEfanmin/randomFor 中的 data_banknote_authentication.csv 文件。

```
# 导入项目依赖包
from random import seed
from random import randrange
from csv import reader
##dataset 使用已经提取好的特征数据集
## 方法：导入 CSV 文件返回一个 list
# 输入参数：filename——文件名
# 返回值：dataset——读出的数据集
# 需要将 CSV 文件与该 py 文件放入同一路径下
def load_csv(filename):
    file = open(filename, "rt") # 读文本文件，如果为二进制数据
# 改 rt 为 rb
    lines = reader(file)
    dataset = list(lines)
    return dataset


## 方法：将 string 类型的 dataset 按列转换成 float 类型
# 输入参数：dataset——数据集；column——列
def str_column_to_float(dataset, column):
    for row in dataset:
        row[column] = float(row[column].strip())


# 方法：将数据集按有放回的方式随机划分为 k 组
# 输入参数:dataset; n_folds——分组数，可在实现过程中定义
# 返回值：按 folds 分割后的数据
def cross_validation_split(dataset, n_folds):
    dataset_split = list()
    dataset_copy = list(dataset)
    fold_size = int(len(dataset) / n_folds)
    for i in range(n_folds):
        fold = list()
        while len(fold) < fold_size:
            index = randrange(len(dataset_copy))
            fold.append(dataset_copy.pop(index))
```

```python
            dataset_split.append(fold)
        return dataset_split

# 方法：计算预测结果的精确度
# 输入参数：predicted——预测得到的数据；actual——真实数据
# 返回值：精确度
def accuracy_metric(actual, predicted):
    correct = 0
    for i in range(len(actual)):
        if actual[i] == predicted[i]:
            correct += 1
    return correct / float(len(actual)) * 100.0

# 方法：运行算法，返回精度的集合
# 输入参数：dataset——数据集；algorithm——用到的分类器，这里是指决策树算法；*args——多个不确定参数
# 返回值：对划分的数据集进行分类的精确度集合
def evaluate_algorithm(dataset, algorithm, n_folds, *args):
    folds = cross_validation_split(dataset, n_folds)
    scores = list()
    for fold in folds:
        train_set = list(folds)
        train_set.remove(fold)
        train_set = sum(train_set, [])
        test_set = list()
        for row in fold:
            row_copy = list(row)
            test_set.append(row_copy)
            row_copy[-1] = None
        predicted = algorithm(train_set, test_set, *args)
        actual = [row[-1] for row in fold]
        accuracy = accuracy_metric(actual, predicted)
        scores.append(accuracy)
    return scores

# 方法：基于某个特征对数据集进行划分
# 输入参数：index——数组下标；value——选定的特征值；dataset——数据集
# 返回值：两个完成后的分组
def test_split(index, value, dataset):
    left, right = list(), list()
    for row in dataset:
        if row[index] < value:
            left.append(row)
        else:
            right.append(row)
    return left, right
```

```python
# 方法：计算某组分割数据集的基尼系数（分类任务中决策树利用基尼系数进行分类）
# 输入参数：groups——划分的样本子集；class_values——类标
# 返回值：该分类下的基尼系数
def gini_index(groups, class_values):
    gini = 0.0
    for class_value in class_values:
        for group in groups:
            size = len(group)
            if size == 0:
                continue
            proportion = [row[-1] for row in group].count(class_value) / float(size)
            gini += (proportion * (1.0 - proportion))
    return gini

# 方法：选取最优分割子集
# 输入参数：dataset——经过上述过程处理的数据集
# 返回值：根据基尼系数划分后的索引 index，类标 value，数据 groups
def get_split(dataset):
    class_values = list(set(row[-1] for row in dataset))
    b_index, b_value, b_score, b_groups = 999, 999, 999, None
    for index in range(len(dataset[0])-1):
        for row in dataset:
            groups = test_split(index, row[index], dataset)
            gini = gini_index(groups, class_values)
            if gini < b_score:
                b_index, b_value, b_score, b_groups = index, row[index], gini, groups
    return {'index':b_index, 'value':b_value, 'groups':b_groups}

# 构建最终的数据集
def to_terminal(group):
    outcomes = [row[-1] for row in group]
    return max(set(outcomes), key=outcomes.count)

# 创建子树节点或者终止建树过程
# 输入参数：note——当前节点；max_depth——树的最大深度
# min_size：叶节点最小数据量（如果超过这个限制，则视为数据量过小）
# depth：当前树深度
def split(node, max_depth, min_size, depth):
    left, right = node['groups']
    del(node['groups'])
    # check for a no split
    if not left or not right:
        node['left'] = node['right'] = to_terminal(left + right)
        return
    # check for max depth
```

```python
        if depth >= max_depth:
            node['left'], node['right'] = to_terminal(left), to_terminal(right)
            return
    # process left child
    if len(left) <= min_size:
        node['left'] = to_terminal(left)
    else:
        node['left'] = get_split(left)
        split(node['left'], max_depth, min_size, depth+1)
    # process right child
    if len(right) <= min_size:
        node['right'] = to_terminal(right)
    else:
        node['right'] = get_split(right)
        split(node['right'], max_depth, min_size, depth+1)

# 方法：建树操作
# 输入参数：train——训练集，其余同上
# 返回值：根节点 root
def build_tree(train, max_depth, min_size):
    root = get_split(train)
    split(root, max_depth, min_size, 1)
    return root

# 使用单个决策树进行预测
def predict(node, row):
    if row[node['index']] < node['value']:
        if isinstance(node['left'], dict):
            return predict(node['left'], row)
        else:
            return node['left']
    else:
        if isinstance(node['right'], dict):
            return predict(node['right'], row)
        else:
            return node['right']

# 单个决策树完成分类回归任务
def decision_tree(train, test, max_depth, min_size):
    tree = build_tree(train, max_depth, min_size)
    predictions = list()
    for row in test:
        prediction = predict(tree, row)
        predictions.append(prediction)
    return(predictions)

# 算法测试部分 "
```

```
    seed(1)
    # 加载及预处理数据集
    filename = 'data_banknote_authentication.csv'
    dataset = load_csv(filename)
    # 数据类型转换
    for i in range(len(dataset[0])):
        str_column_to_float(dataset, i)
    # 算法实现并进行评估(精确度分析)
    n_folds = 5
    max_depth = 5
    min_size = 10
    scores = evaluate_algorithm(dataset, decision_tree, n_folds, max_depth, min_size)# 直接将函数 decision 作为参数进行传递
    print('Scores: %s' % scores)
    print('Mean Accuracy: %.3f%%' % (sum(scores)/float(len(scores))))
```

实验结果如下。

```
    Scores: [83.57664233576642, 82.84671532846716, 86.86131386861314, 79.92700729927007, 82.11678832116789]
    Mean Accuracy: 83.066%
```

12.5 算法应用

本节利用 SKlearn 库提供的方法实现多个分类器的性能对比，对比的分类器分别有逻辑回归、朴素贝叶斯和支持向量机。

```
    import numpy as np
    np.random.seed(0)

    import pylab as plt

    from sklearn import datasets
    from sklearn.naive_bayes import GaussianNB
    from sklearn.linear_model import LogisticRegression
    from sklearn.ensemble import RandomForestClassifier
    from sklearn.svm import LinearSVC
    from sklearn.calibration import calibration_curve

    X, y = datasets.make_classification(n_samples=100000, n_features=20,
                                        n_informative=2, n_redundant=2)

    train_samples = 100  # Samples used for training the models

    X_train = X[:train_samples]
```

```python
X_test = X[train_samples:]
y_train = y[:train_samples]
y_test = y[train_samples:]

# Create classifiers
lr = LogisticRegression(solver='lbfgs')
gnb = GaussianNB()
svc = LinearSVC(C=1.0)
rfc = RandomForestClassifier(n_estimators=100)


# #####################
# Plot calibration plots

plt.figure(figsize=(10, 10))
ax1 = plt.subplot2grid((3, 1), (0, 0), rowspan=2)
ax2 = plt.subplot2grid((3, 1), (2, 0))

ax1.plot([0, 1], [0, 1], "k:", label="Perfectly calibrated")
for clf, name in [(lr, 'Logistic'),
                  (gnb, 'Naive Bayes'),
                  (svc, 'Support Vector Classification'),
                  (rfc, 'Random Forest')]:
    clf.fit(X_train, y_train)
    if hasattr(clf, "predict_proba"):
        prob_pos = clf.predict_proba(X_test)[:, 1]
    else:  # use decision function
        prob_pos = clf.decision_function(X_test)
        prob_pos = \
            (prob_pos - prob_pos.min()) / (prob_pos.max() - prob_pos.min())
    fraction_of_positives, mean_predicted_value = \
        calibration_curve(y_test, prob_pos, n_bins=10)

    ax1.plot(mean_predicted_value, fraction_of_positives, "s-",
             label="%s" % (name, ))

    ax2.hist(prob_pos, range=(0, 1), bins=10, label=name,
             histtype="step", lw=2)

ax1.set_ylabel("Fraction of positives")
ax1.set_ylim([-0.05, 1.05])
ax1.legend(loc="lower right")
ax1.set_title('Calibration plots  (reliability curve)')

ax2.set_xlabel("Mean predicted value")
ax2.set_ylabel("Count")
```

```
ax2.legend(loc="upper center", ncol=2)

plt.tight_layout()
plt.show()
```

实验结果如图 12-2 所示。

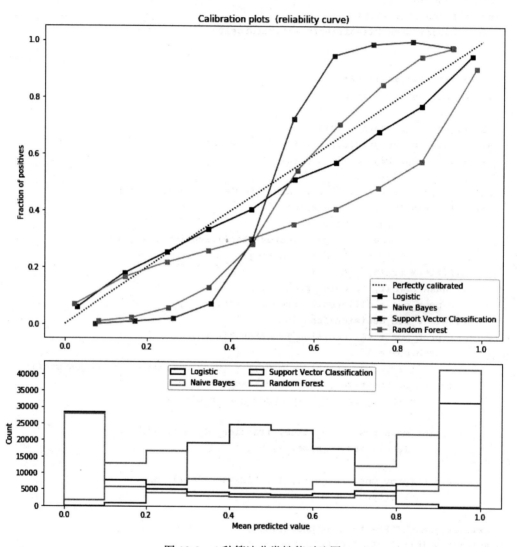

图 12-2 4 种算法分类性能对比图

12.6 算法的改进与优化

随机森林算法可以在相关参数优化以及分类器选择等方面进行改进,这里我们提出一种常见的改进方式。

我们已经知道单个分类器的分类效果可以通过一些评价指标进行评价，例如 AUC 曲线等。通过这样的评价指标，我们可以从中选取一定数量的具有较高 AUC 值的分类器（如决策树），同时根据相似性度量选取一定数量不相关的同种分类器（不相关的决策树），将两类分类器组成一个新的组合分类器即得到改进后的随机森林。这种改进方式通过自己定义建树方式得到单个分类器性能更优、整体差异性更小的组合分类器。

12.7 本章小结

本章主要介绍了机器学习中的随机森林算法。首先简单阐述了算法的思想以及应用领域。其次，以流程图的形式对算法进行整体讲解，并详细阐述了算法的步骤，然后结合一个简单的分类程序对随机森林算法的分类步骤进行了解析。最后，编程实现了多个分类器的性能对比。学完本章后，读者应该能够掌握多种分类方法各自的特点，并能够将其运用到实际中。

12.8 本章习题

1. 选择题

（1）关于随机森林描述不正确的是（　　）。
  A. 随机森林是一种集成学习算法
  B. 随机森林的随机性主要体现在训练单决策树时，对样本和特征同时进行采样
  C. 随机森林算法可以高度并行化
  D. 随机森林预测时，根据单决策树分类误差进行加权投票

（2）关于随机森林的训练过程，下列描述正确的是（　　）。
  A. 样本扰动　　　　　　　　　　B. 属性扰动
  C. 样本扰动且属性扰动　　　　　D. 不存在扰动

（3）以下哪些机器学习算法可以不对特征做归一化处理？（　　）。
  A. 随机森林　　　B. 逻辑回归　　　C. SVM　　　D. 决策树

2. 判断题

（1）随机森林的树与树之间是有依赖关系的。（　　）

（2）梯度提升树（Gradient Boosting Decision Tree，GBDT）是一种常拿来与随机森林作比较的算法，该算法也由多个决策树组成，且结果由所有树的结果累加起来得到。与随机森林相似，GBDT 既可以做回归树也可以做分类树。（　　）

（3）随机森林用于回归模型时通常使用平方误差和作为建树时的判断标准。（　　）

3. 填空题

（1）在随机森林中，通常通过引入随机样本增加决策树的数据，这样做主要是为了_____。

（2）集成学习普遍的两大分类分别为 Bagging 和 Boosting，随机森林属于_____类型算法。

（3）在执行分类任务时，随机森林常使用_____作为特征重要度的度量标准。

4. 编程题

参照本章的算法应用部分，借助 Sklearn 库编程实现随机森林回归器。要求：数据点随机生成即可，程序要生成回归曲线并且与至少一个常用的其他回归模型做出比较，学会分析回归曲线回归效果的好坏。（提示：可以使用 RandomForestRegressor 包。）

CHAPTER 13

第 13 章

朴素贝叶斯算法

13.1 算法概述

朴素贝叶斯算法是经典的机器学习算法之一，也是为数不多的基于概率论的分类算法，即通过考虑特征概率来预测分类。该算法采用了"特征属性独立性假设"的方法，即对已知类别，假设所有特征属性相互独立。换言之，假设每个特征属性独立地对分类结果发生影响。

朴素贝叶斯法是基于贝叶斯定理与特征属性独立假设的分类方法，属于监督学习的生成模型。对于给定的训练数据集，首先基于特征属性独立假设学习输入\输出的联合概率分布，然后基于此模型，对给定的输入，利用贝叶斯定理估计后验概率最大的输出。

朴素贝叶斯有稳定的分类效率，在大量样本下会有较好的表现，对小规模的数据仍然有效，能处理多分类任务。其次，朴素贝叶斯适合增量式训练，即可以实时对新增样本进行训练。朴素贝叶斯对缺失数据不太敏感，通常用于文本分类识别、欺诈检测、垃圾邮件过滤、拼写检查等。

13.2 算法流程

朴素贝叶斯算法的流程如图 13-1 所示。

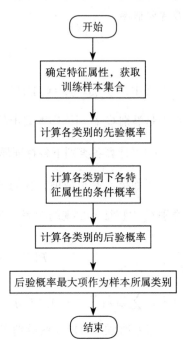

图 13-1 朴素贝叶斯算法流程图

13.3 算法步骤

朴素贝叶斯算法的步骤如下所示。

（1）确定特征属性 x_j，获取训练样本集合 y_i。

该步骤的主要工作是根据具体情况确定特征属性，并对每个特征属性进行适当划分，然后人工对一部分待分类项进行分类，形成训练样本集合。这一阶段的输入是所有待分类数据，输出是特征属性和训练样本。这一步是整个朴素贝叶斯分类中唯一需要人工完成的阶段。

对于所有待分类数据，确定其特征属性 x_j，获取训练样本集合 y_i：

$$D = \left\{ \left(x_1^{(1)}, x_2^{(1)}, \cdots, x_n^{(1)}, y_1\right), \left(x_1^{(2)}, x_2^{(2)}, \cdots, x_n^{(2)}, y_2\right), \cdots, \left(x_1^{(m)}, x_2^{(m)}, \cdots, x_n^{(m)}, y_m\right) \right\}$$

其中 m 表示有 m 个样本，n 表示有 n 个特征。y_i 表示训练样本，取值为 $\{C_1, C_2, \ldots, C_k\}$。

（2）计算各类别的先验概率 $P(Y=C_k)$。

针对训练样本集，我们可以利用极大似然估计计算先验概率。但为了弥补极大似然估计中可能出现概率值为 0 的情况，也就是某个事件出现的次数为 0，我们使用贝叶斯估计计算先验概率：

$$P(Y=C_k) = \frac{\sum_{i=1}^{m} I(y_i = C_k) + \lambda}{m + K\lambda}, k = 1, 2, \cdots, K \qquad (13\text{-}1)$$

其中，$\sum_{i=1}^{m} I(y_i = C_k)$ 计算的是样本类别为 C_k 的总数，K 为类别的个数。先验概率计算的是类别 C_k 在训练样本集中的频率。

（3）计算各类别下各特征属性 x_j 的条件概率 $P(X_j = x_j | Y = C_k)$ $(j = 1, 2, \cdots, n)$。

① 如果 x_j 是离散值，我们可以假设 x_j 符合多项式分布，这样得到的条件概率是在样本类别 C_k 中特征 x_j 出现的频率，即

$$P(X_j = x_j | Y = C_k) = \frac{\sum_{i=1}^{m} I(X_j = x_j, y_i = C_k)}{\sum_{i=1}^{m} I(y_i = C_k)} \qquad (13\text{-}2)$$

其中，$\sum_{i=1}^{m} I(X_j = x_j, y_i = C_k)$ 为样本类别 C_k 中特征属性 x_j 出现的频率。

某些时候，可能某些类别在样本中没有出现，这可能导致条件概率为 0，这样会影响后验概率的估计。为了避免出现这种情况，我们引入了拉普拉斯平滑，即此时有

$$P(X_j = x_j | Y = C_k) = \frac{\sum_{i=1}^{m} I(X_j = x_j, y_i = C_k) + \lambda}{\sum_{i=1}^{m} I(y_i = C_k) + O_j \lambda} \quad (13\text{-}3)$$

其中，λ 为大于 0 的常数，通常取 1。O_j 为第 j 个特征属性的取值总数。

② 如果 x_j 是稀疏二项离散值，即各个特征出现概率很低，我们可以假设 x_j 符合伯努利分布，即特征 x_j 出现记为 1，不出现记为 0。我们不关注 x_j 出现的次数，这样得到的条件概率是在样本类别 C_k 中 x_j 出现的频率。此时有

$$P(X_j = x_j | Y = C_k) = P(X_j | Y = C_k) x_j + (1 - P(X_j | Y = C_k))(1 - x_j) \quad (13\text{-}4)$$

其中，x_j 取值为 0 和 1。

③ 如果 x_j 是连续值，我们通常取 x_j 的先验概率为正态分布，即在样本类别 C_k 中，x_j 的值符合正态分布。这样得到的条件概率分布是

$$P(X_j = x_j | Y = C_k) = \frac{1}{\sqrt{2\pi\sigma_k^2}} \exp\left(-\frac{(x_j - \mu_k)^2}{2\sigma_k^2}\right) \quad (13\text{-}5)$$

其中，μ_k 和 σ_k^2 是正态分布的期望和方差，可以通过极大似然估计求得。μ_k 为在样本类别 C_k 中，所有 X_j 的平均值。σ_k^2 为在样本类别 C_k 中，所有 X_j 的方差。对于一个连续的样本值，代入正态分布的公式，就可以求得概率分布。

（4）计算各类别的后验概率 $P(Y = C_k | X = x)$。

由于假设各特征属性是条件独立的，则根据贝叶斯定理，各类别的后验概率有如下推导：

$$P(Y = C_k | X = x) = \frac{P(X_j = x_j | Y = C_k) P(Y = C_k)}{P(X = x)} \quad (13\text{-}6)$$

（5）以后验概率最大项作为样本所属类别。

我们预测的样本所属类别 C_{result} 是使得后验概率 $P(Y = C_k | X = x)$ 最大化的类别，推导如下：

$$\begin{aligned} C_{\text{result}} &= \underset{C_k}{\arg\max}\, P(Y = C_k | X = x) \\ &= \underset{C_k}{\arg\max}\, \frac{P(X_j = x_j | Y = C_k) P(Y = C_k)}{P(X = x)} \end{aligned} \quad (13\text{-}7)$$

由于对于所有的类别计算后验概率时，分母是一样的，因此预测公式可以简化为：

$$C_{\text{result}} = \underset{C_k}{\arg\max} P(X_j = x_j | Y = C_k) P(Y = C_k) \tag{13-8}$$

利用朴素贝叶斯的独立性假设，就可以得到通常意义上的朴素贝叶斯推断公式：

$$C_{\text{result}} = \underset{C_k}{\arg\max} P(Y = C_k) \prod_{j=1}^{n} P(X_j = x_j | Y = C_k) \tag{13-9}$$

13.4 算法实例

下面是一个简单的模型，实现了上一节的朴素贝叶斯算法，具体程序如下。

```
#coding:utf-8
# 极大似然估计    朴素贝叶斯算法

import pandas as pd
import numpy as np

class NaiveBayes(object):
    def getTrainSet(self):
        dataSet = pd.read_csv('E://pppp//naivebayes_data.csv')
        dataSetNP = np.array(dataSet)     #将数据由dataframe类型转换为数组类型
        trainData = dataSetNP[:, 0:dataSetNP.shape[1]-1]  #训练数据x1, x2
        labels = dataSetNP[:, dataSetNP.shape[1]-1]       #训练数据所对应的所属类型Y
        return trainData, labels

    def classify(self, trainData, labels, features):
        #求labels中每个label的先验概率
        labels = list(labels)      # 转换为list类型
        P_y = {}         # 存入label的概率
        for label in labels:
            P_y[label] = labels.count(label)/float(len(labels))   # p = count(y) / count(Y)

        #求label与feature同时发生的概率
        P_xy = {}
        for y in P_y.keys():
            y_index = [i for i, label in enumerate(labels) if label == y]
# labels中出现y值的所有数值的下标索引
            for j in range(len(features)):
# features[0]在trainData[:, 0]中出现的值的所有下标索引
                x_index = [i for i, feature in enumerate(trainData[:, j]) if feature == features[j]]
                xy_count = len(set(x_index) & set(y_index))
# set(x_index)&set(y_index)列出两个表相同的元素
```

```python
                pkey = str(features[j]) + '*' + str(y)
                P_xy[pkey] = xy_count / float(len(labels))

        # 求条件概率
        P = {}
        for y in P_y.keys():
            for x in features:
                pkey = str(x) + '|' + str(y)
                P[pkey] = P_xy[str(x)+'*'+str(y)] / float(P_y[y])
# P[X1/Y] = P[X1Y]/P[Y]

        # 求[2,'S']所属类别
        F = {}      #[2,'S']属于各个类别的概率
        for y in P_y:
            F[y] = P_y[y]
            for x in features:
                F[y] = F[y]*P[str(x)+'|'+str(y)]     #P[y/X] = P[X/y]*P[y]/P[X],
# 分母相等, 比较分子即可, 所以有F=P[X/y]*P[y]=P[x1/Y]*P[x2/Y]*P[y]

        features_label = max(F, key=F.get)  # 概率最大值对应的类别
        return features_label

    if __name__ == '__main__':
        nb = NaiveBayes()

        # 训练数据
        trainData, labels = nb.getTrainSet()
        # x1, x2
        features = [2, 'S']

        # 该特征应属于哪一类
        result = nb.classify(trainData, labels, features)
        print (features, '属于', result)
```

实验结果如下。

```
[2, 'S'] 属于 -1
```

13.5 算法应用

下面应用朴素贝叶斯算法构建分类器, 对网站的恶意留言进行过滤。应用具体程序如下。

```
#!/usr/bin/python
# coding=utf-8
from numpy import *
# 过滤网站的恶意留言  侮辱性: 1    非侮辱性: 0
```

```python
# 创建一个实验样本
def loadDataSet():
    postingList = [['my', 'dog', 'has', 'flea', 'problems', 'help', 'please'],
                   ['maybe', 'not', 'take', 'him', 'to', 'dog', 'park', 'stupid'],
                   ['my', 'dalmation', 'is', 'so', 'cute', 'I', 'love', 'him'],
                   ['stop', 'posting', 'stupid', 'worthless', 'garbage'],
                   ['mr', 'licks', 'ate', 'my', 'steak', 'how', 'to', 'stop', 'him'],
                   ['quit', 'buying', 'worthless', 'dog', 'food', 'stupid']]
    classVec = [0, 1, 0, 1, 0, 1]
    return postingList, classVec

# 创建一个包含在所有文档中出现的不重复词的列表
def createVocabList(dataSet):
    vocabSet = set([])           # 创建一个空集
    for document in dataSet:
        vocabSet = vocabSet | set(document)     # 创建两个集合的并集
    return list(vocabSet)

# 将文档词条转换成词向量
def setOfWords2Vec(vocabList, inputSet):
    returnVec = [0]*len(vocabList)          # 创建一个其中所含元素都为 0 的向量
    for word in inputSet:
        if word in vocabList:
            # returnVec[vocabList.index(word)] = 1  # index 函数在字符串里找到字符第一次出现的位置    词集模型
            returnVec[vocabList.index(word)] += 1  # 文档的词袋模型 每个单词可以出现多次
        else: print("the word: %s is not in my Vocabulary!" % word)
    return returnVec

# 朴素贝叶斯分类器训练函数，从词向量计算概率
def trainNB0(trainMatrix, trainCategory):
    numTrainDocs = len(trainMatrix)
    numWords = len(trainMatrix[0])
    pAbusive = sum(trainCategory)/float(numTrainDocs)
    # p0Num = zeros(numWords); p1Num = zeros(numWords)
    # p0Denom = 0.0; p1Denom = 0.0
    p0Num = ones(numWords);      # 避免一个概率值为 0，最后的乘积也为 0
    p1Num = ones(numWords);      # 用来统计两类数据中，各词的词频
    p0Denom = 2.0;   # 用于统计类 0 中的总数
    p1Denom = 2.0    # 用于统计类 1 中的总数
    for i in range(numTrainDocs):
        if trainCategory[i] == 1:
            p1Num += trainMatrix[i]
            p1Denom += sum(trainMatrix[i])
        else:
            p0Num += trainMatrix[i]
            p0Denom += sum(trainMatrix[i])
        # p1Vect = p1Num / p1Denom
        # p0Vect = p0Num / p0Denom
    p1Vect = log(p1Num / p1Denom)      # 在类 1 中，每个词的发生概率
```

```python
        p0Vect = log(p0Num / p0Denom)    # 避免下溢出或者浮点数舍入导致的错误，下溢出是由太
多很小的数相乘得到的
    return p0Vect, p1Vect, pAbusive

# 朴素贝叶斯分类器
def classifyNB(vec2Classify, p0Vec, p1Vec, pClass1):
    p1 = sum(vec2Classify*p1Vec) + log(pClass1)
    p0 = sum(vec2Classify*p0Vec) + log(1.0-pClass1)
    if p1 > p0:
        return 1
    else:
        return 0
def testingNB():
    listOPosts, listClasses = loadDataSet()
    myVocabList = createVocabList(listOPosts)
    trainMat = []
    for postinDoc in listOPosts:
        trainMat.append(setOfWords2Vec(myVocabList, postinDoc))
    p0V, p1V, pAb = trainNB0(array(trainMat), array(listClasses))
    testEntry = ['love', 'my', 'dalmation']
    thisDoc = array(setOfWords2Vec(myVocabList, testEntry))
    print (testEntry, 'classified as: ', classifyNB(thisDoc, p0V, p1V, pAb))
    testEntry = ['stupid', 'garbage']
    thisDoc = array(setOfWords2Vec(myVocabList, testEntry))
    print (testEntry, 'classified as: ', classifyNB(thisDoc, p0V, p1V, pAb))

# 调用测试方法
testingNB()
```

实验结果如下。

```
['love', 'my', 'dalmation'] classified as:  0
['stupid', 'garbage'] classified as:  1
```

13.6 算法的改进与优化

贝叶斯分类器是利用概率论知识进行分类的算法，该算法利用贝叶斯定理来预测一个未知样本的可能属性，但贝叶斯分类中有一个很强的假设，即要求各样本的属性之间是相互独立的。该假设往往与实际不符，这就大大影响了其分类效果，为此，许多学者提出了一些改进算法。

为了解决这个问题，一些研究学者提出改进朴素贝叶斯算法，其改进的途径主要有两种：一种是放弃条件独立性假设，在 NBC 的基础上增加属性间可能存在的依赖关系；另一种是重新构建样本属性集，以新的属性组代替原来的属性组，期望在新的属性间存在较好的条件独立关系。

最著名的一种改进方法是 TAN 算法，TAN 算法通过发现属性之间的依赖关系来降低朴素贝叶斯算法中任意属性之间的独立性假设，它是在朴素贝叶斯的基础上增加属性之间的关联来实现的。

13.7 本章小结

本章首先对朴素贝叶斯算法的思想和特点进行介绍，利用流程图阐述了算法的步骤，对算法中的公式进行了详细的推导，介绍了基于朴素贝叶斯算法步骤的 Python 代码实现过程，并通过一个小案例演示了如何通过朴素贝叶斯算法对网站的恶意留言进行过滤，最后提出对算法的改进与优化。学完本章，读者应该掌握并会应用朴素贝叶斯算法，并了解朴素贝叶斯算法的改进与优化方式。

13.8 本章习题

1. 选择题

（1）关于朴素贝叶斯分类算法，描述正确的是（　　）。
  A. 它假设属性之间相互独立
  B. 根据先验概率计算后验概率
  C. 对于给定的待分类项 $X = \{a_1, a_2, \cdots, a_n\}$，求解在此项出现的条件下各个类别 y_i 出现的概率，哪个 $P(y_i | X)$ 最大，就把此待分类项归属于哪个类别
  D. 有最小错误率判断规则和最小风险判断规则

（2）朴素贝叶斯是一种特殊的贝叶斯分类器，特征变量是 X，类别标签是 C，它的一个假定是（　　）。
  A. 各类别的先验概率 $P(X|C)$ 是相等的
  B. 以 0 为均值、sqr(2)/2 为标准差的正态分布
  C. 特征变量 X 的各个维度是类别条件独立随机变量
  D. $P(X|C)$ 是高斯分布

（3）在使用朴素贝叶斯进行文本分类时，待分类语料中，有部分语句中的某些词汇在训练语料中的 A 类中从未出现过，下面哪些解决方式是正确的？（　　）
  A. 按照贝叶斯公式计算，这些词汇并未在 A 类出现过，那么语句属于 A 类的概率为零
  B. 这种稀疏特征属于噪声，它们的加入会严重影响到分类效果，把这类特征从所有类别中删掉

C. 这种特征可能会起到作用，不易简单删掉，应使用一些参数平滑方式，使它起到作用
D. 稀疏特征中存在的类别，该句更有可能属于该类，应该把特征从它未出现的类别中删掉

2. 填空题

（1）朴素贝叶斯算法通过考虑_____来预测分类。

（2）朴素贝叶斯算法基于_____学习数据的联合概率分布。

（3）TAN 算法通过_____来降低朴素贝叶斯算法中任意属性之间的独立性假设。

3. 判断题

（1）朴素贝叶斯算法有时会牺牲一定的分类准确率。（　　）

（2）朴素贝叶斯法是基于贝叶斯定理与特征条件独立假设的分类方法。（　　）

（3）朴素贝叶斯分类器基于一个简单的假定：给定目标值时属性之间相互条件独立。（　　）

4. 编程题

我们在使用搜索引擎或者在网站上填写表单时，系统会自动提示，有的提示是自动补全，有的提示是改正错误。请构建朴素贝叶斯算法实现拼写检查的功能。（数据集下载地址：https://pan.baidu.com/s/1-muGkZA_vPrmmeldk0GJ8g。）

CHAPTER 14

第 14 章

隐马尔可夫模型算法

14.1 算法概述

隐马尔可夫模型（Hidden Markov Model，HMM）是可用于标注问题的统计学习模型，用来描述由隐藏的马尔可夫链随机生成观测序列的过程，属于生成模型。马尔可夫链是指一个离散变量的随机过程，其一系列状态之间的联系通过一个状态转移概率矩阵来描述。状态之间的转变具有相应的转移概率，并且状态转移概率仅仅依赖于当前的状态，与之前的状态无关。而 HMM 是一个双重的随机过程，一个随机过程是具有有限状态的马尔可夫链，用来描述状态的转移；另一个随机过程描述每个状态和观察值之间的统计对应关系。为了便于理解，下面来举一个简单的例子。

股票市场行情有牛市和熊市两种，把市场行情作为一种状态，每天的状态都是随机的，这样在连续的时间段内股票的市场行情就形成了一个状态序列。假设每天的市场行情仅与前一天的状态有关，每种行情可能转移到的状态有两种，用每种转移的权值表示从一种行情变为另一种行情的转移概率，这样状态之间的转化过程就形成了一个马尔可夫链。隐马尔可夫模型中的马尔可夫链是隐藏的，无法直接通过状态序列得到，但是每一个状态都有一个观察值，假设每个观察值只依赖于此刻马尔可夫链的状态，与其他因素无关。那么在股票市场中就用股票每天的价格趋势作为观察值，即上涨、不变、下跌三种，价格趋势在隐马尔可夫模型中认为只依赖于当天的股市行情。

隐马尔可夫模型在语音识别、自然语言处理、生物信息、模式识别等领域有着广泛的应用。

14.2 算法流程

隐马尔可夫模型算法的流程如图 14-1 所示。

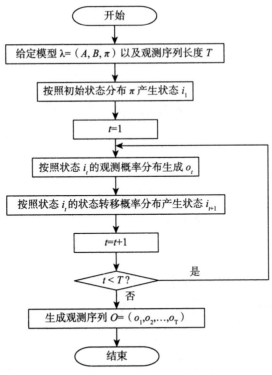

图 14-1 隐马尔可夫模型算法流程

14.3 算法步骤

隐马尔可夫模型是关于时序的概率模型,它描述由一个隐藏的马尔可夫链随机生成不可观测的状态随机序列,再由各个状态生成一个观测而产生观测随机序列的过程。

设 Q 是所有可能的状态值集合,V 是所有可能的观测值集合,则

$$Q = \{q_1, q_2, \cdots, q_N\}, V = \{v_1, v_2, \cdots, v_M\}$$

其中,N 是可能的状态值数目,M 是可能的观测值数目。A 是状态转移概率矩阵:

$$A = \left[a_{ij}\right]_{N \times N}, a_{ij} = P(i_{t+1} = q_j \mid i_t = q_i), i = 1, 2, \cdots, N; j = 1, 2, \cdots, N$$

a_{ij} 表示在时刻 t 处于状态 q_i 的条件下在时刻 $t+1$ 转移到状态 q_j 的概率。B 是观测概率矩阵:

$$B = \left[b_j(k)\right]_{N \times M},$$

$$b_j(k) = P(o_t = v_k \mid i_t = q_j), k = 1, 2, \cdots, M; \ j = 1, 2, \cdots, N$$

$b_j(k)$ 表示在时刻 t 处于状态 q_j 的条件下生成观测 v_k 的概率。π 是初始状态概率向量：

$$\pi = (\pi_i), \pi_i = P(i_1 = q_i), i = 1, 2, \cdots, N$$

π_i 表示在时刻 $t = 1$ 处于状态 q_i 的概率。

观测序列的生成所需输入为隐马尔可夫模型 $\lambda = (A, B, \pi)$，观测序列长度为 T，其输出为观测序列 $O = (o_1, o_2, \cdots, o_T)$。

具体步骤如下。

（1）令 $t = 1$。

（2）按照初始状态分布 π 产生状态 i_t。

（3）按照状态 i_t 的观测概率分布 $b_{i_t}(k)$ 生成 o_t。

（4）按照状态 i_t 的状态转移概率分布 $\{a_{i_t i_{t+1}}\}$ 产生状态 i_{t+1}。

（5）令 $t = t + 1$；如果 $t < T$，转到（3）；否则，终止。

14.4 算法实例

下面是一个简单的模型，实现了上一节提出的隐马尔可夫算法，具体程序如下。

```
import numpy as np
def simulate(model, T):
    A = model[0]
    B = model[1]
    pi = model[2]
    def draw_from(probs):
        return np.where(np.random.multinomial(1, probs) == 1)[0][0]
    observations = np.zeros(T, dtype=int)
    states = np.zeros(T, dtype=int)
    states[0] = draw_from(pi)
    observations[0] = draw_from(B[states[0], :])
    for t in range(1, T):
        states[t] = draw_from(A[states[t - 1], :])
        observations[t] = draw_from(B[states[t], :])
    pp = np.unique(states)
    return observations, pp

def forward_prob(model, Observe):
    '''
    马尔可夫前向算法
    '''
    A, B, pi = model
    T = Observe.size
```

```python
        alpha = pi*B[:, Observe[0]]
        alpha_all = np.copy(alpha).reshape((1, -1))
        # print "(1) 计算初值 alpha_1(i):     ", alpha
        #
        # print "(2) 递推..."
        for t in range(0, T-1):
            alpha = alpha.dot(A)*B[:, Observe[t+1]]
            alpha_all = np.append(alpha_all, alpha.reshape((1, -1)), 0)
            # print "t=", t + 1, "    alpha_", t + 1, "(i):", alpha
        # print "(3) 终止。alpha_", T, "(i):     ", alpha
        # print " 输出 Prob:   ", alpha.sum()
        return alpha.sum(), alpha_all

def backward_prob(model, Observe, States):
    '''
    马尔可夫后向算法
    '''
    A, B, pi = model
    M = States.size
    T = Observe.size
    beta = np.ones((M, ))   # beta_T
    beta_all = np.copy(beta).reshape((1, -1))
    # print "(1) 计算初值 beta_", T, "(i):   ", beta
    # print "(2) 递推..."
    for t in range(T - 2, -1, -1):     # t=T-2, ..., 0
        beta = A.dot(B[:, Observe[t + 1]] * beta)
        beta_all = np.append(beta_all, beta.reshape((1, -1)), 0)
        # print "t=", t + 1, "    beta_", t + 1, "(i):", beta
    beta_all = beta_all[::-1, :]
    # print "(3) 终止。alpha_", 1, "(i):     ", beta
    prob = pi.dot(beta * B[:, Observe[0]])
    # print " 输出 Prob:   ", prob
    return prob, beta_all
def getPar(model, Observe, States):
    ''' 得到 alpha_all 和 beta_all'''
    T = Observe.size
    prob_1, alpha_all = forward_prob(model, Observe)
    prob_2, beta_all = backward_prob(model, Observe, States)
    #print "alpha_all:   ", alpha_all
    #print "beta_all:    ", beta_all
    ''' 根据 alpha_all 和 beta_all 计算 gamma 和 xi 矩阵 '''
    # 计算 gamma 矩阵
    denominator = (alpha_all * beta_all).sum(1)
    #print denominator
    #print alpha_all * beta_all
    gamma = alpha_all * beta_all / denominator.reshape((-1, 1))
    # print "gamma is :"
    # print gamma    # gamma 行表示时刻 t, 列表示状态 i
    # 计算 xi 矩阵
    item_t = []
```

```python
            for t in range(0, T - 1):
                item_t.append(((alpha_all[t] * (A.T)).T) * (B[:, Observe[t + 1]] * beta_all[t + 1]))
            ProOut_t = np.array(item_t)
            denomin = ProOut_t.sum(1)
            xi = ProOut_t / (denomin.reshape(-1, 1, 1))   # xi axi0 表示时刻 t, axi1 和 2 表示对应的 i, j
            # print "xi is :"
            # print xi

            ''' 根据 gamma 和 xi 计算几个重要的期望值 '''
            # print ProOut_t
            iTga = gamma.sum(0)
            iT_1ga = gamma[0:-1, :].sum(0)
            ijT_1xi = xi.sum(0)
            return gamma, xi, iTga, iT_1ga, ijT_1xi
        def baum_welch(Observe, States, modell, epsion=0.001):
            model = modell
            A, B, pi = model
            M = B.shape[1]
            done = False
            while not done:
                gamma, xi, iTga, iT_1ga, ijT_1xi = getPar(model, Observe, States)
                new_A = ijT_1xi/iT_1ga
                bb = []
                for k in range(0, M):
                    I = np.where(k == Observe, 1, 0)
                    gamma_temp = ((gamma.T)*I).T
                    bb.append(gamma_temp.sum(0)/iTga)
                new_B = np.array(bb).T
                #print new_B
                new_pi = gamma[0]
                if np.max(abs(new_A-A))<epsion and \
                   np.max(abs(new_B-B))<epsion and \
                   np.max(abs(new_pi-pi))<epsion:
                    done = True
                A = new_A
                B = new_B
                pi = new_pi
                model = (A, B, pi)
            return model

    if __name__ == '__main__':
        # 这是我们的实际模型参数:
        A = np.array([[0.5, 0.2, 0.3],
                      [0.3, 0.5, 0.2],
                      [0.2, 0.3, 0.5]])
        B = np.array([[0.5, 0.5],
                      [0.4, 0.6],
                      [0.7, 0.3]])
```

```python
pi = np.array([0.2, 0.4, 0.4])
model = (A, B, pi)
# 下面我们用实际的模型参数来生成测试数据
Observe, States = simulate(model, 100)
print ("Observe \n", Observe)
print ("States \n", States)
# 模型初始化
iniA = np.array([[0.3, 0.3, 0.3],
                 [0.3, 0.3, 0.3],
                 [0.3, 0.3, 0.3]])
iniB = np.array([[0.5, 0.5],
                 [0.5, 0.5],
                 [0.5, 0.5]])
inipi = np.array([0.3, 0.3, 0.3])
inimodel = (iniA, iniB, inipi)
model = baum_welch(Observe, States, inimodel, 0.001)
print ("A: ")
print (model[0])
print ("B: ")
print (model[1])
print ("pi: ")
print (model[2])
```

实验结果如下。

```
Observe
 [0 1 0 1 0 0 1 0 1 0 1 0 1 0 0 1 0 0 0 1 1 0 1 1 1 0 1 1 1 0 0 0 0 1 1 0 1
  0 0 1 1 1 1 0 0 1 1 1 1 1 0 0 0 0 1 0 0 0 0 1 0 0 0 0 0 0 1 0 0 1 1 1 0 0
  1 1 1 1 1 0 1 0 0 0 1 0 1 1 1 0 0 1 0 1 0 1 0 1 1 0]
States
 [0 1 2]
A:
[[ 0.50076055   0.19735672   0.30159006]
 [ 0.30508588   0.50679458   0.20154735]
 [ 0.19795071   0.29302191   0.49598309]]
B:
[[ 0.43809512   0.56190488]
 [ 0.66693534   0.33306466]
 [ 0.44705082   0.55294918]]
pi:
[ 2.54699553e-05   9.99973887e-01   6.43075443e-07]
```

14.5 算法应用

在实际应用中，人们通常关注隐马尔可夫模型的三个基本问题。

（1）概率计算问题。给定模型 $\lambda=(A,B,\pi)$ 和观测序列 $O=(o_1,o_2,\ldots,o_T)$，计算在模型 λ 下观测序列 O 出现的概率 $P=(O|\lambda)$。

通常使用前向与后向算法计算观测序列出现的概率 $P=(O|\lambda)$。

（2）学习问题。已知观测序列 $O=(o_1,o_2,\cdots,o_T)$，估计模型 $\lambda=(A,B,\pi)$ 参数，使得在该模型下观测序列概率 $P=(O|\lambda)$ 最大。

使用 Baum-Welch 算法，也就是 EM 算法，可以高效地对隐马尔可夫模型进行训练，这是一种非监督学习算法。

（3）预测问题，也称为解码问题。已知模型 $\lambda=(A,B,\pi)$ 和观测序列 $O=(o_1,o_2,\cdots,o_T)$，求对给定观测序列条件概率 $P(I|O)$ 最大的状态序列 $I=(i_1,i_2,\cdots,i_T)$。即给定观测序列，求最有可能的对应的状态序列。

维特比算法应用动态规划可以高效地求解最优路径，即所求状态序列。

下面的例子用于确定病人是否得了感冒。首先，病人的状态 Q 只有两种：{感冒，没有感冒}。然后，病人的感觉（观测 V）有三种：{正常，冷，头晕}。从病人的病例的第一天确定 π（初始状态概率向量）；根据其他病例信息确定 A（状态转移矩阵），也就是病人某天是否感冒和他第二天是否感冒的关系，确定 B（观测概率矩阵），也就是病人某天的感觉和他那天是否感冒的关系。具体代码如下。

```
# hmm.py
import numpy as np
class HMM:
    """
    Order 1 Hidden Markov Model
    Attributes
    ----------
    A : numpy.ndarray
        State transition probability matrix
    B: numpy.ndarray
        Output emission probability matrix with shape(N, number of output types)
    pi: numpy.ndarray
        Initial state probablity vector
    Common Variables
    ----------------
    obs_seq : list of int
        list of observations (represented as ints corresponding to output
        indexes in B) in order of appearance
    T : int
        number of observations in an observation sequence
    N : int
```

```
            number of states
        """
    def __init__(self, A, B, pi):
        self.A = A
        self.B = B
        self.pi = pi
    def _forward(self, obs_seq):
        N = self.A.shape[0]
        T = len(obs_seq)
        F = np.zeros((N, T))
        F[:, 0] = self.pi * self.B[:, obs_seq[0]]
        for t in range(1, T):
            for n in range(N):
                F[n, t] = np.dot(F[:, t-1], (self.A[:, n])) * self.B[n, obs_seq[t]]
        return F
    def _backward(self, obs_seq):
        N = self.A.shape[0]
        T = len(obs_seq)
        X = np.zeros((N, T))
        X[:, -1:] = 1
        for t in reversed(range(T-1)):
            for n in range(N):
                X[n, t] = np.sum(X[:, t+1] * self.A[n, :] * self.B[:, obs_seq[t+1]])
        return X
    def observation_prob(self, obs_seq):
        """ P( entire observation sequence | A, B, pi ) """
        return np.sum(self._forward(obs_seq)[:, -1])
    def state_path(self, obs_seq):
        """
        Returns
        -------
        V[last_state, -1] : float
            Probability of the optimal state path
        path : list(int)
            Optimal state path for the observation sequence
        """
        V, prev = self.viterbi(obs_seq)
        # Build state path with greatest probability
        last_state = np.argmax(V[:, -1])
        path = list(self.build_viterbi_path(prev, last_state))
        return V[last_state, -1], reversed(path)
    def viterbi(self, obs_seq):
        """
        Returns
        -------
        V : numpy.ndarray
            V [s][t] = Maximum probability of an observation sequence ending
                      at time 't' with final state 's'
```

```python
            prev : numpy.ndarray
                Contains a pointer to the previous state at t-1 that maximizes
                V[state][t]
        """
        N = self.A.shape[0]
        T = len(obs_seq)
        prev = np.zeros((T - 1, N), dtype=int)
        # DP matrix containing max likelihood of state at a given time
        V = np.zeros((N, T))
        V[:, 0] = self.pi * self.B[:, obs_seq[0]]
        for t in range(1, T):
            for n in range(N):
                seq_probs = V[:, t-1] * self.A[:, n] * self.B[n, obs_seq[t]]
                prev[t-1, n] = np.argmax(seq_probs)
                V[n, t] = np.max(seq_probs)
        return V, prev
    def build_viterbi_path(self, prev, last_state):
        """Returns a state path ending in last_state in reverse order."""
        T = len(prev)
        yield(last_state)
        for i in range(T-1, -1, -1):
            yield(prev[i, last_state])
            last_state = prev[i, last_state]
    def simulate(self, T):
        def draw_from(probs):
            return np.where(np.random.multinomial(1, probs) == 1)[0][0]
        observations = np.zeros(T, dtype=int)
        states = np.zeros(T, dtype=int)
        states[0] = draw_from(self.pi)
        observations[0] = draw_from(self.B[states[0], :])
        for t in range(1, T):
            states[t] = draw_from(self.A[states[t-1], :])
            observations[t] = draw_from(self.B[states[t], :])
        return observations, states
    def baum_welch_train(self, observations, criterion=0.05):
        n_states = self.A.shape[0]
        n_samples = len(observations)
        done = False
        while not done:
            # alpha_t(i) = P(O_1 O_2 ... O_t, q_t = S_i | hmm)
            # Initialize alpha
            alpha = self._forward(observations)
            # beta_t(i) = P(O_t+1 O_t+2 ... O_T | q_t = S_i , hmm)
            # Initialize beta
            beta = self._backward(observations)
            xi = np.zeros((n_states, n_states, n_samples-1))
            for t in range(n_samples-1):
                denom = np.dot(np.dot(alpha[:, t].T, self.A) * self.B[:, observations[t+1]].T, beta[:, t+1])
                for i in range(n_states):
```

```
                    numer = alpha[i, t] * self.A[i, :] * self.B[:,
observations[t+1]].T * beta[:, t+1].T
                    xi[i, :, t] = numer / denom
            # gamma_t(i) = P(q_t = S_i | O, hmm)
            gamma = np.squeeze(np.sum(xi, axis=1))
            # Need final gamma element for new B
            prod =  (alpha[:, n_samples-1] * beta[:, n_samples-1]).reshape((-1,
1))
            gamma = np.hstack((gamma, prod / np.sum(prod))) #append one more to
gamma!!!
            newpi = gamma[:, 0]
            newA = np.sum(xi, 2) / np.sum(gamma[:, :-1], axis=1).reshape((-1, 1))
            newB = np.copy(self.B)
            num_levels = self.B.shape[1]
            sumgamma = np.sum(gamma, axis=1)
            for lev in range(num_levels):
                mask = observations == lev
                newB[:, lev] = np.sum(gamma[:, mask], axis=1) / sumgamma
            if np.max(abs(self.pi - newpi)) < criterion and \ np.max(abs(self.A
- newA)) < criterion and \ np.max(abs(self.B - newB)) < criterion:
                done = 1
            self.A[:], self.B[:], self.pi[:] = newA, newB, newpi


    # test.py
    # -*- coding:utf-8 -*-
    import numpy as np
    import hmm
    states = ('Healthy', 'Fever')
    observations = ('normal', 'cold', 'dizzy')
    start_probability = {'Healthy': 0.6, 'Fever': 0.4}
    transition_probability = {
    'Healthy': {'Healthy': 0.7, 'Fever': 0.3},
    'Fever': {'Healthy': 0.4, 'Fever': 0.6},
    }
    emission_probability = {
    'Healthy': {'normal': 0.5, 'cold': 0.4, 'dizzy': 0.1},
    'Fever': {'normal': 0.1, 'cold': 0.3, 'dizzy': 0.6},
    }
    def generate_index_map(lables):
    index_label = {}
    label_index = {}
    i = 0
    for l in lables:
        index_label[i] = l
        label_index[l] = i
        i += 1
    return label_index, index_label
    states_label_index, states_index_label = generate_index_map(states)
    observations_label_index, observations_index_label = generate_index_
```

```python
map(observations)
    def convert_observations_to_index(observations, label_index):
    list = []
    for o in observations:
        list.append(label_index[o])
    return list
    def convert_map_to_vector(map, label_index):
    v = np.empty(len(map), dtype=float)
    for e in map:
        v[label_index[e]] = map[e]
    return v
    def convert_map_to_matrix(map, label_index1, label_index2):
    m = np.empty((len(label_index1), len(label_index2)), dtype=float)
    for line in map:
        for col in map[line]:
            m[label_index1[line]][label_index2[col]] = map[line][col]
    return m
    A = convert_map_to_matrix(transition_probability, states_label_index, states_label_index)
    # print A
    B = convert_map_to_matrix(emission_probability, states_label_index, observations_label_index)
    # print B
    observations_index = convert_observations_to_index(observations, observations_label_index)
    pi = convert_map_to_vector(start_probability, states_label_index)
    # print pi
    h = hmm.HMM(A, B, pi)
    V, p = h.viterbi(observations_index)
    print (" " * 7, " ".join(("%10s" % observations_index_label[i]) for i in observations_index))
    for s in range(0, 2):
    print ("%7s: " % states_index_label[s] + " ".join("%10s" % ("%f" % v) for v in V[s]))
    print ('\nThe most possible states and probability are:')
    p, ss = h.state_path(observations_index)
    for s in ss:
    print (states_index_label[s], )
    print (p)
    # run a baum_welch_train
    observations_data, states_data = h.simulate(100)
    # print observations_data
    # print states_data
    guess = hmm.HMM(np.array([[0.5, 0.5],
                              [0.5, 0.5]]),
                    np.array([[0.3, 0.3, 0.3],
                              [0.3, 0.3, 0.3]]),
                    np.array([0.5, 0.5])
                    )
    guess.baum_welch_train(observations_data)
```

```
states_out = guess.state_path(observations_data)[1]
p = 0.0
for s in states_data:
if next(states_out) == s: p += 1
print (p / len(states_data))
```

实验结果如下。

```
            normal      cold       dizzy
Healthy:    0.300000    0.084000   0.005880
  Fever:    0.040000    0.027000   0.015120

The most possible states and probability are:
Healthy
Healthy
Fever
0.01512
0.49
```

14.6 算法的改进与优化

HMM 假设当前状态只和前一状态相关，根据生活的经验，当前的状态可能不仅和前一状态相关，还和前几个状态或者后面的状态相关，所以可以针对假设进行改进。

在 HMM 训练过程中，Baum-Welch 算法任意选取初始矩阵参数来重估，能够使迭代向着正确的方向发展，且收敛速度快，但是由于 Baum-Welch 算法根据梯度下降的方式进行局部优化，致使参数控制下的目标函数在迭代估计的过程中易陷入局部最优而影响最终值，进而影响建模准确性，因此可以进一步优化初始参数。

1. 针对假设的改进

针对隐马尔可夫模型与现实情况不协调的问题，有人提出了马尔可夫族模型（Markov Family Model，MFM）。MFM 是由多个马尔可夫链构成的多重随机过程，随机过程相互之间有一定的概率关系，该模型用条件独立性假设取代 HMM 的独立性假设。HMM 模型可视为 MFM 模型的特例。

2. 优化初始参数

遗传算法把自然界中"优胜劣汰，适者生存"的思想引入参数优化算法中，并通过选择、交叉和变异对个体进行选择，保留适应度好的个体，淘汰适应度差的个体，反复循环，就得到了进化得好的种群。结合遗传算法全局搜索的优点，将经过遗传算法优化后的结果当作 HMM 的矩阵初始参数，从而解决 Baum-Welch 算法对初始参数随机选择造成的敏感问题。

14.7 本章小结

本章主要介绍了隐马尔可夫模型，它一直被认为是解决大多数自然语言处理问题最快速、最有效的方法。同时，它也是机器学习主要工具之一。几乎与所有的机器学习的模型工具一样，它需要一个训练算法（Baum-Welch 算法）和使用时的解码算法（维特比算法）。学完本章之后，读者应该掌握这两类算法，从而能够使用隐马尔可夫模型这个工具。

14.8 本章习题

1. 选择题

（1）在 HMM 中，如果已知观察序列和产生观察序列的状态序列，那么可用以下哪种方法直接进行参数估计？（　　）

　　A. EM 算法　　　B. 维特比算法　　　C. 前向后向算法　　　D. 极大似然估计

（2）请选择下面可以应用隐马尔可夫模型的选项。（　　）

　　A. 基因序列数据集　B. 电影浏览数据集　C. 股票市场数据集　D. 以上所有

（3）以下几种模型方法属于判别式模型的有（　　）。

　　①混合高斯模型　　②条件随机场模型　　③区分度训练　　④隐马尔可夫模型

　　A. ②③　　　　B. ③④　　　　C. ①④　　　　D. ①②

2. 填空题

（1）设隐马尔可夫模型观察值空间为 $O=(o_1,o_2,\cdots,o_T)$，状态空间为 $Q=\{q_1,q_2,\cdots,q_N\}$，如果用维特比算法进行解码，时间复杂度为_____。

（2）HMM 是一个双重的随机过程，一个随机过程是_____，另一个随机过程_____。

3. 判断题

（1）隐马尔可夫模型中状态转移概率与之前的状态有关。（　　）

（2）隐马尔可夫模型属于判别模型。（　　）

CHAPTER 15

第 15 章

BP 神经网络算法

15.1 算法概述

BP 神经网络通常指基于误差反向传播算法（Error Back Propagation）的多层前向神经网络。BP 算法由信号的前向传播和误差的反向传播两个过程组成。在信号前向传播的过程中，输入样本从输入层进入网络，经隐含层逐层传递至输出层，如果输出层的实际输出与期望输出不同，则转至误差反向传播过程；如果输出层的实际输出与期望输出相同或网络不再收敛，结束学习算法。在误差反向传播的过程中，输出误差（期望输出与实际输出之差）将按原通路反传计算，通过隐含层反向传播至输入层。在该过程中，在误差将会分配给各层的神经元，获得各层神经元的误差信号，并将其作为修正各单元权值的根据。整个过程基于梯度下降法实现，不停地调整各层神经元的权值和阈值，使误差信号降低到最低。

在如今神经网络纷繁多样的深度学习大环境中，实际应用中 90% 的神经网络系统都是基于 BP 算法实现的。BP 神经网络在函数逼近、模式识别、数据压缩等领域有着非常广泛的应用。

15.2 算法流程

BP 算法的流程如图 15-1 所示。

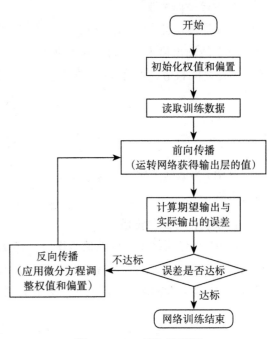

图 15-1 BP 算法流程图

15.3 算法步骤

在 BP 神经网络中，单个样本有 i 个输入，记为 $x_i(x_1,x_2,x_3,\cdots,x_i)$，有 k 个输出记为 $y_k(y_1,y_2,y_3,\cdots,y_k)$，网络的期望输出为 d_k 记为 $d_k(d_1,d_2,d_3,\cdots,d_k)$，相当于 l 即输入数据的标签，在输入层和输出层之间通常设有若干隐含层。一个三层的 BP 网络可以完成任意数据的 m 维到 n 维的映射。现在定义一个三层神经网络，其各层分别是输入层（I）、隐含层（H）、输出层（O），如图 15-2 所示。

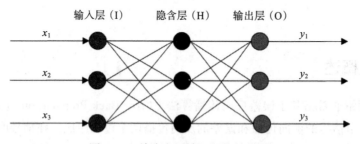

图 15-2　单隐含层神经网络结构图

BP 神经网络分为两个工作过程，即信号前向传播过程和误差信号反向传播过程。

1. 信号前向传播

现在设输入层（I）和隐含层（H）之间的权值为 w_{ij}，隐含层节点 j 的阈值为 b_j，每个隐含层节点的输出值为 x_j，每个神经元的输出值根据上一层（这里指输出层）神经元输出结果、两层之间权值、当前节点阈值和激活函数计算得出。具体计算方法如下：

$$S_j = \sum_{i=1}^{m} w_{ij} x_i + b_j$$

$$x_j = f(S_j)$$

其中 f 为激活函数，一般选取 S 型函数或者线性函数。在 BP 神经网络中，输入层节点没有阈值。

2. 误差信号反向传播

在 BP 神经网络中，误差信号反向传递子过程比较复杂，它是基于 Widrow-Hoff 学习规则的。简而言之，训练网络中的神经元参数的目的是令网络输出层的所有期望值 d_k（相当于数据的标签）和网络输出层的实际输出 y_k 之间的残差最小化。两者之前的损失函数如下：

$$E(w,b) = \frac{1}{2} \sum_{j=0}^{n-1} (d_k - y_k)^2$$

从上述公式中可以得出，BP 神经网络的主要目的是在反复迭代过程中调整权值和阈值，使得损失函数的值达到最小。Widrow-Hoff 学习规则是通过沿着相对误差平方和的梯度下降最快方向，不断调整网络的权值和阈值。根据梯度下降法，权值矢量的修正与当前位置上 $E(w,b)$ 的梯度成正比。

对于第 j 个输出节点有

$$E(w,b) = \frac{1}{2}\sum_{j=0}^{n-1}(d_j - y_j)^2$$

$$\Delta w(i,j) = -\eta \frac{\partial E(w,b)}{\partial w(i,j)}$$

当激活函数为 sigmoid 函数时，有

$$f(x) = \frac{1}{1+e^{-x}}$$

对激活函数求导：

$$f'(x) = f(x)(1-f(x))$$

根据误差函数对权值 w_{ij} 求导得

$$\begin{aligned}\frac{\partial E(w,b)}{\partial w_{ij}} &= \frac{1}{\partial w(i,j)} * \frac{1}{2}\sum_{j=0}^{n-1}(d_j - y_j)^2 \\ &= (d_j - y_j) * \frac{\partial d_j}{\partial w_{ij}} \\ &= (d_j - y_j) * f'(S_j) * \frac{\partial S_j}{\partial w_{ij}} \\ &= (d_j - y_j) * f(S_j)(1-f(S_j)) * \frac{\partial S_j}{\partial w_{ij}} \\ &= (d_j - y_j) * f(S_j)(1-f(S_j)) * x_i \\ &= \delta_{ij} * x_i\end{aligned}$$

其中

$$\delta_{ij} = (d_j - y_j) * f(S_j)(1-f(S_j))$$

同样对于 b_j 有

$$\frac{\partial E(w,b)}{\partial b_j} = \delta_{ij}$$

这就是著名的 Widrow-Hoff 学习规则或者纠错。该规则通过改变神经元之间的连接权

值来减少系统实际输出和期望输出之间的误差。根据上述公式及梯度下降法，对于隐含层和输出层之间的权值和阈值可以调整如下：

$$w_{ij} = w_{ij} - \eta_1 \frac{\partial E(w,b)}{\partial w_{ij}} = w_{ij} - \eta_1 * \delta_{ij} * x_i$$

$$b_j = b_j - \eta_2 \frac{\partial E(w,b)}{\partial b_j} = b_j - \eta_2 * \delta_{ij}$$

至此，BP 网络的权值更新完成。调整的规则可总结为：

权值调整量 = 学习率 × 局部梯度 × 上一层输出信号

15.4 算法实例

下面是 BP 算法的具体实现部分。

```python
import random
import math
class NeuralNetwork:
    # 神经网络类
    LEARNING_RATE = 0.5
    # 设置学习率为 0.5
    def __init__(self, num_inputs, num_hidden, num_outputs, hidden_layer_weights=None, hidden_layer_bias=None, output_layer_weights=None, output_layer_bias=None):
        # 初始化一个三层神经网络结构
        self.num_inputs = num_inputs
        self.hidden_layer = NeuronLayer(num_hidden, hidden_layer_bias)
        self.output_layer = NeuronLayer(num_outputs, output_layer_bias)
        self.init_weights_from_inputs_to_hidden_layer_neurons(hidden_layer_weights)
        self.init_weights_from_hidden_layer_neurons_to_output_layer_neurons(output_layer_weights)
    def init_weights_from_inputs_to_hidden_layer_neurons(self, hidden_layer_weights):
        weight_num = 0
        for h in range(len(self.hidden_layer.neurons)):  # num_hidden, 遍历隐含层
            for i in range(self.num_inputs):  # 遍历输入层
                if not hidden_layer_weights:
                    # 如果 hidden_layer_weights 的值为空，则利用随机化函数对其进行赋值，否则利用 hidden_layer_weights 中的值对其进行更新
                    self.hidden_layer.neurons[h].weights.append(random.random())
                else:
                    self.hidden_layer.neurons[h].weights.append(hidden_layer_weights[weight_num])
                weight_num += 1
    def init_weights_from_hidden_layer_neurons_to_output_layer_neurons(self, output_layer_weights):
        weight_num = 0
        for o in range(len(self.output_layer.neurons)):  # num_outputs, 遍历输出层
```

```python
            for h in range(len(self.hidden_layer.neurons)):  # 遍历每个输出层
                if not output_layer_weights:
                    # 如果output_layer_weights的值为空，则利用随机化函数对其进行赋值，否则利用output_layer_weights中的值对其进行更新
                    self.output_layer.neurons[o].weights.append(random.random())
                else:
                    self.output_layer.neurons[o].weights.append(output_layer_weights[weight_num])
                weight_num += 1
    def inspect(self):  # 输出神经网络信息
        print('------')
        print('* Inputs: {}'.format(self.num_inputs))
        print('------')
        print('Hidden Layer')
        self.hidden_layer.inspect()
        print('------')
        print('* Output Layer')
        self.output_layer.inspect()
        print('------')
    def feed_forward(self, inputs):  # 返回输出层y值
        hidden_layer_outputs = self.hidden_layer.feed_forward(inputs)
        return self.output_layer.feed_forward(hidden_layer_outputs)
    # Uses online learning, ie updating the weights after each training case
    # 使用在线学习方式，训练每个实例之后对权值进行更新
    def train(self, training_inputs, training_outputs):
        self.feed_forward(training_inputs)
        # 反向传播
        # 1. 输出层deltas
        pd_errors_wrt_output_neuron_total_net_input = [0]*len(self.output_layer.neurons)
        for o in range(len(self.output_layer.neurons)):
            # 对于输出层 ∂E/∂z=∂E/∂a*∂a/∂z=cost'(target_output)*sigma'(z)
            pd_errors_wrt_output_neuron_total_net_input[o] = self.output_layer.neurons[o].calculate_pd_error_wrt_total_net_input(training_outputs[o])
        # 2. 隐含层deltas
        pd_errors_wrt_hidden_neuron_total_net_input = [0]*len(self.hidden_layer.neurons)
        for h in range(len(self.hidden_layer.neurons)):
            # 我们需要计算误差对每个隐含层神经元的输出的导数，由于不是输出层所以dE/dy_j 需要根据下一层反向进行计算，即根据输出层的函数进行计算
            # dE/dy_j = Σ ∂E/∂z_j * ∂z_j/∂y_j = Σ ∂E/∂z_j * w_ij
            d_error_wrt_hidden_neuron_output = 0
            for o in range(len(self.output_layer.neurons)):
                d_error_wrt_hidden_neuron_output += pd_errors_wrt_output_neuron_total_net_input[o]* self.output_layer.neurons[o].weights[h]
            pd_errors_wrt_hidden_neuron_total_net_input[h] = d_error_wrt_hidden_neuron_output*self.hidden_layer.neurons[h].calculate_pd_total_net_input_wrt_input()
        # 3. 更新输出层权值
        for o in range(len(self.output_layer.neurons)):
            for w_ho in range(len(self.output_layer.neurons[o].weights)):
                # 注意：输出层权值是隐含层神经元与输出层神经元连接的权值
                # ∂E_j/∂w_ij = ∂E/∂z_j * ∂z_j/∂w_ij
```

```python
                        pd_error_wrt_weight = pd_errors_wrt_output_neuron_total_net_input[o]*self.output_layer.neurons[o].calculate_pd_total_net_input_wrt_weight(w_ho)
                        # Δw = α * ∂Eⱼ/∂wᵢⱼ
                        self.output_layer.neurons[o].weights[w_ho] -= self.LEARNING_RATE*pd_error_wrt_weight
            # 4. 更新隐含层权值
            for h in range(len(self.hidden_layer.neurons)):
                for w_ih in range(len(self.hidden_layer.neurons[h].weights)):
                    # 注意：隐含层权值是输入层神经元与隐含层神经元连接的权值
                    # ∂Eⱼ/∂wᵢ = ∂E/∂zⱼ * ∂zⱼ/∂wᵢ
                    pd_error_wrt_weight = pd_errors_wrt_hidden_neuron_total_net_input[h]*self.hidden_layer.neurons[h].calculate_pd_total_net_input_wrt_weight(w_ih)
                    # Δw = α * ∂Eⱼ/∂wⱼ
                    self.hidden_layer.neurons[h].weights[w_ih] -= self.LEARNING_RATE*pd_error_wrt_weight
    def calculate_total_error(self, training_sets):
        # 使用平方差计算训练集误差
        total_error = 0
        for t in range(len(training_sets)):
            training_inputs, training_outputs = training_sets[t]
            self.feed_forward(training_inputs)
            for o in range(len(training_outputs)):
                total_error += self.output_layer.neurons[o].calculate_error(training_outputs[o])
        return total_error
class NeuronLayer:
    # 神经层类
    def __init__(self, num_neurons, bias):
        # 一层中的所有神经元共享一个bias
        self.bias = bias if bias else random.random()
        random.random()
        # 生成0和1之间的随机浮点数float，它其实是一个隐藏的random.Random类的实例的random方法。
        # random.random()和random.Random().random()的作用是一样的。
        self.neurons = []
        for i in range(num_neurons):
            self.neurons.append(Neuron(self.bias))
        # 在神经层的初始化函数中对每一层的bias赋值，利用神经元的init函数对神经元的bias赋值
    def inspect(self):
        # print该层神经元的信息
        print('Neurons:', len(self.neurons))
        for n in range(len(self.neurons)):
            print(' Neuron', n)
            for w in range(len(self.neurons[n].weights)):
                print('  Weight:', self.neurons[n].weights[w])
            print('  Bias:', self.bias)
    def feed_forward(self, inputs):
        # 前向传播过程outputs中存储的是该层每个神经元的y/a的值（经过神经元激活函数的值有时被称为y，有时被称为a）
        outputs = []
        for neuron in self.neurons:
```

```python
                outputs.append(neuron.calculate_output(inputs))
            return outputs
        def get_outputs(self):
            outputs = []
            for neuron in self.neurons:
                outputs.append(neuron.output)
            return outputs
    class Neuron:
        # 神经元类
        def __init__(self, bias):
            self.bias = bias
            self.weights = []
        def calculate_output(self, inputs):
            self.inputs = inputs
            self.output = self.squash(self.calculate_total_net_input())
            # output 即为输入，y(a) 意为从激活函数中得到的值
            return self.output
        def calculate_total_net_input(self):
            # 此处计算的为激活函数的输入值，即 z=W(n)x+b
            total = 0
            for i in range(len(self.inputs)):
                total += self.inputs[i]*self.weights[i]
            return total + self.bias
        # 使用 sigmoid 函数为激励函数，以下是 sigmoid 函数的定义
        def squash(self, total_net_input):
            return 1/(1 + math.exp(-total_net_input))
        # 确定神经元的总输入需要改变多少，以接近预期的输出
        # 我们可以根据 cost function 对 y(a) 神经元激活函数输出值的偏导数和激活函数输出值 y(a) 对激活函数输入值 z=wx+b 的偏导数计算 delta(δ)
        # δ = ∂E/∂zⱼ = ∂E/∂yⱼ * dyⱼ/dzⱼ
        def calculate_pd_error_wrt_total_net_input(self, target_output):
            return self.calculate_pd_error_wrt_output(target_output)*self.calculate_pd_total_net_input_wrt_input()
        # The error for each neuron is calculated by the Mean Square Error method:
        # 每个神经元的误差由平均平方误差法计算
        def calculate_error(self, target_output):
            return 0.5*(target_output - self.output) ** 2
        # 对实际输出的误差的偏导是通过计算得到的，即 self.output(y 也常用 a 表示经过激活函数后的值)
        # 维基百科关于反向传播 [1] 的文章简化了以下内容，但大多数其他学习材料并没有简化这个过程 [2]
        # = ∂E/∂yⱼ = -(tⱼ - yⱼ)
        # 注意我们一般将输出层神经元的输出为 yⱼ，而目标标签（正确答案）表示为 tⱼ.
        def calculate_pd_error_wrt_output(self, target_output):
            return -(target_output - self.output)
        # yⱼ = φ = 1 / (1 + e⁻ᶻʲ) 注意我们对于神经元使用的激活函数都是 Logistic 函数
        # 注意我们用 j 表示我们正在看的这层神经元的输出，用 i 表示这层的后一层的神经元
        # dyⱼ/dzⱼ = yⱼ * (1 - yⱼ) 这是 sigmoid 函数的导数表现形式
        def calculate_pd_total_net_input_wrt_input(self):
            return self.output*(1 - self.output)
```

```
        # 激活函数的输入是所有输入的加权权重的总和
        # = z_j = net_j = x_1w_1 + x_2w_2 ...
        # 总的净输入与给定的权值的偏导数（其他所有的项都保持不变）
        # = ∂z_j/∂w_i = some constant + 1 * x_iw_1^(1-0) + some constant ... = x_i
        def calculate_pd_total_net_input_wrt_weight(self, index):
            return self.inputs[index]
    nn = NeuralNetwork(2, 2, 2, hidden_layer_weights=[0.15, 0.2, 0.25, 0.3], hidden_layer_bias=0.35, output_layer_weights=[0.4, 0.45, 0.5, 0.55], output_layer_bias=0.6)
    for i in range(10000):
        nn.train([0.05, 0.1], [0.01, 0.99])
        print(i, round(nn.calculate_total_error([[[0.05, 0.1], [0.01, 0.99]]]), 9))
# 截断处理只保留小数点后 9 位
```

15.5 算法应用

这里我们构建一个较为复杂的 BP 神经网络，这个网络的输入层有 784 个神经元，第一个隐含层有 2000 个神经元，第二个隐含层有 2000 个神经元，第三个隐含层有 1000 个神经元，最后的输出层有 10 个神经元，代码如下。

```
import tensorflow as tf
from tensorflow.examples.tutorials.mnist import input_data
# 载入数据集
mnist = input_data.read_data_sets("MNIST_data", one_hot=True)
# 每个批次的大小
batch_size = 100
# 计算一共有多少个批次
n_batch = mnist.train.num_examples // batch_size    # 整除符号 //
# 定义两个占位符
x = tf.placeholder(tf.float32, [None, 784])
y = tf.placeholder(tf.float32, [None, 10])
# 定义有多少神经元是工作的
keep_prob = tf.placeholder(tf.float32)
# 以上是样本
# 用截断的正态分布初始权值标准差是 0.1
W1 = tf.Variable(tf.truncated_normal([784, 2000], stddev=0.1))
b1 = tf.Variable(tf.zeros([2000])+0.1)
# 双曲正切激活函数
L1 = tf.nn.tanh(tf.matmul(x, W1) + b1)
#L1 是某一层神经元的输出
L1_drop = tf.nn.dropout(L1, keep_prob)
# 增加隐含层
W2 = tf.Variable(tf.truncated_normal([2000, 2000], stddev=0.1))
b2 = tf.Variable(tf.zeros([2000])+0.1)
L2 = tf.nn.tanh(tf.matmul(L1_drop, W2) + b2)
```

```python
    L2_drop = tf.nn.dropout(L2, keep_prob)

    W3 = tf.Variable(tf.truncated_normal([2000, 1000], stddev=0.1))
    b3 = tf.Variable(tf.zeros([1000])+0.1)
    L3 = tf.nn.tanh(tf.matmul(L2_drop, W3) + b3)
    L3_drop = tf.nn.dropout(L3, keep_prob)
    W4 = tf.Variable(tf.truncated_normal([1000, 10], stddev=0.1))
    b4 = tf.Variable(tf.zeros([10])+0.1)
    preception = tf.nn.softmax(tf.matmul(L3_drop, W4)+b4)# 把信号改为概率值
    # 二次代价函数
    #loss = tf.reduce_mean(tf.square(y-preception))
    tf.reduce_mean(tf.nn.softmax_cross_entropy_with_logits(labels=y, logits=preception))
    # 使用梯度下降法
    train_step = tf.train.GradientDescentOptimizer(0.2).minimize(loss)
    # 初始化变量
    init = tf.global_variables_initializer()
    # 计算结果会得到一些概率存到列表中，返回概率值最大的位置，现在该列表存储的是一些列（值为true或false），返回的是布尔型列表
    correct_prediction = tf.equal(tf.argmax(y, 1), tf.argmax(preception, 1))
    # 求准确率，把布尔型转换为浮点型，求平均值true=1.0
    accuracy = tf.reduce_mean(tf.cast(correct_prediction, tf.float32))
    with tf.Session() as sess:
        sess.run(init)
        # 迭代31个周期
        for epoch in range(31):
            for batch in range(n_batch):
                # 每个批次大小是100,
                batch_xs, batch_ys = mnist.train.next_batch(batch_size)
    sess.run(train_step, feed_dict={x:batch_xs, y:batch_ys, keep_prob:0.7})
            # 输入进去的是测试集的图片和测试集的标签
    test_accsess.run(accuracy, feed_dict={x:mnist.test.images, y:mnist.test.labels, keep_prob:0.7})
            train_acc = sess.run(accuracy, feed_dict={x:mnist.train.images, y:mnist.train.labels, keep_prob:0.7})
            print("Iter" + str(epoch) + ", Testing Accuracy" +str(test_acc) +"Testing Accuracy" +str(train_acc))
```

输出结果如下。

```
Extracting MNIST_data\train-images-idx3-ubyte.gz
Extracting MNIST_data\train-labels-idx1-ubyte.gz
Extracting MNIST_data\t10k-images-idx3-ubyte.gz
Extracting MNIST_data\t10k-labels-idx1-ubyte.gz
Iter0, Testing Accuracy0.8976
Iter1, Testing Accuracy0.9119
Iter2, Testing Accuracy0.9171
```

```
Iter3, Testing Accuracy0.9207
Iter4, Testing Accuracy0.9223
Iter5, Testing Accuracy0.9227
Iter6, Testing Accuracy0.9245
Iter7, Testing Accuracy0.9268
Iter8, Testing Accuracy0.9274
Iter9, Testing Accuracy0.9291
Iter10, Testing Accuracy0.9281
Iter11, Testing Accuracy0.9281
Iter12, Testing Accuracy0.9306
Iter13, Testing Accuracy0.931
Iter14, Testing Accuracy0.9308
Iter15, Testing Accuracy0.9308
Iter16, Testing Accuracy0.9311
Iter17, Testing Accuracy0.9309
Iter18, Testing Accuracy0.9318
Iter19, Testing Accuracy0.9314
Iter20, Testing Accuracy0.9316
```

15.6 算法的改进与优化

标准 BP 算法的学习率固定不变，通常将学习率定为常量，因此其收敛速度慢，易陷入局部最小值。选择一个合理的学习率，需要根据学习情况来调整学习率。学习率控制着反向梯度方向下降的步长，我们通常把学习率设置为 0.1，有时更新权值时会将输出层与隐含层设置为不同的学习率。如果学习率过小，收敛速度会很慢，如果学习率过大，可能引起震荡而使网络不稳定。提高 BP 神经网络的收敛速度和预测精度、选择合适的学习率很重要。

在训练开始时，随机设置初始学习率，使用误差反向传播算法来训练权值参数，寻找误差函数的最小值。以隐含层节点与输出层节点的连接权值调整为例，用动态学习速率法来缩短训练时间。具体步骤如下：在更新权值之前，设置初始学习率 η。如果均方误差减小，则学习率的取值偏小，学习率将乘以一个大于 1 的因子 α。如果均方误差在权值更新后增加，且该值超过了预设的某个百分数，如 1%～5%，则需要减小学习率，学习率乘以一个大于零且小于 1 的因子 β。如果均方误差增加，但是增加值小于预设的数值区域 ξ，则学习率保持不变。

将对动态学习速率 η 的调整公式定义如下：

$$\eta(n+1) = \begin{cases} 1.05\eta(n) & E(\eta+1) < E(\eta) \\ 0.75\eta(n) & E(\eta+1) > E(\eta) \times \text{er} \\ \eta(n) & E(\eta) \leqslant E(\eta+1) \leqslant E(\eta) \times \text{er} \end{cases}$$

其中 er 为最大误差率。用同样的算法来调整输入层与隐含层各节点间的连接权值，找到最优学习率，使网络输出更符合实际。

15.7 本章小结

在本章中，我们学习了 BP 神经网络中前向传播和反向传播的两个过程，还用 Python 代码构建了前向传播与反向传播两个过程，最后我们搭建了一个简单的三层 BP 神经网络对手写数字进行识别。BP 神经网络由来已久，对于 BP 神经网络主要从以下 3 个方面进行总结。

1. 局部最优

对于多层 BP 神经网络，误差曲面可能含有不同的局部最优解，梯度下降法可能使得网络陷入局部最优而无法找到全局最优解。"跳出"局部最优解的方法主要有增加冲量项，使用随机梯度下降，多次使用不同的初始权值训练网络等。

2. 神经元过多

当隐含层中神经元多且神经网络层数多时，神经网络中的权值数量会成倍增长，使得解空间的维数高，过高的维数的解易导致网络训练的后期造成过拟合。

3. 迭代次数过多

神经网络的迭代次数过多往往会造成过拟合情况的出现。解决过拟合主要有两种方法：一种是使用权值衰减的方式，即每次迭代过程中以某个较小的因子降低每个权值；另一种方法就是使用验证集的方式来找出使得验证集误差最小的权值，对训练集较小时可以使用交叉验证等。

另外，BP 神经网络中仍有许多方向可供改进，在此不展开讨论。关于神经网络现在已有较多的研究，也产生了很多新的扩展算法，比如卷积神经网络、深度神经网络、脉冲神经网络等，这些神经网络均是 BP 神经网络的扩充，读者只有深刻理解并掌握 BP 神经网络，才能更好地运用其他网络。

15.8 本章习题

1. 选择题

（1）BP 神经网络主要应用于（　　）。
  A. 回归预测　　　B. 归纳总结　　　C. 类比推理　　　D. 统计分析
（2）如果现在要对一组数据进行分类，我们不知道这些数据最终能分成几类，那么应该选择（　　）来处理这些数据最合适。

A. BP 神经网络　　　　　　　　B. RBF 神经网络

C. SOM 神经网络　　　　　　　 D. ELMAN 神经网络

2. 填空题

（1）神经网络按结构可分为_____和_____，按性能可分为_____和_____，按学习方式可分为_____和_____。

（2）BP 神经网络的工作过程分为_____、_____。

3. 判断题

梯度下降有时会陷于局部极小值，但 EM 算法不会。（　　）

CHAPTER 16

第 16 章

卷积神经网络算法

16.1 算法概述

卷积神经网络（Convolutional Neural Network，CNN）最初用于图像识别，对于大型图像处理有出色表现。卷积神经网络由一个或多个卷积层、池化层和最后的全连接层组成。卷积神经网络通过对图像进行局部扫描，提取其中的特征，再通过多层处理，增加所提取的特征的感受范围。另外，每次完成特征提取后通常会按照特定的规则消去数据，这样既降低了所要计算的参数规模，又增强了网络的拟合能力。这一模型也可以使用反向传播算法进行训练。

除了图像识别之外，卷积神经网络在文本和语音识别领域也有着很好的应用。目前已经发展出了多种模型，包括 AlexNet、VGG 以及 ResNet 等。

本章主要介绍卷积神经网络的背景知识、其经典的 LeNet-5 模型以及实例代码和运行结果。

16.2 算法流程

LeNet-5 模型的流程图如图 16-1 所示。

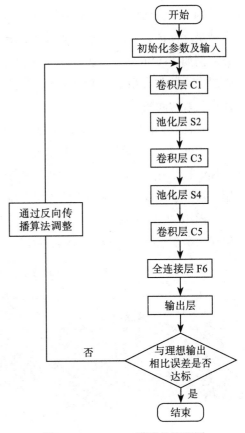

图 16-1　LeNet-5 模型的流程图

16.3 算法步骤

在介绍算法步骤之前，需要先对多数卷积神经网络所具有的结构元素进行介绍。

（1）卷积层（convolutional layer）：卷积神经网络中每个卷积层由若干卷积单元组成，每个卷积单元的参数都是通过反向传播算法最优化得到的。卷积运算的目的是提取输入的不同特征，第一层卷积层可能只能提取一些低级的特征，如边缘、线条和角等层级，更多层的网络能从低级特征中迭代提取更复杂的特征。

（2）池化层：池化（pooling）是卷积神经网络中另一个重要的概念，它实际上是一种形式的下采样。池化层会不断地减小数据的空间大小，因此参数的数量和计算量也会下降，这在一定程度上也控制了过拟合。通常来说，CNN 的卷积层之间都会周期性地插入池化层。

（3）全连接层：全连接层是神经网络的一种基本结构，它的每一个神经元都与上一层的所有神经元相连，用来把前边提取到的特征综合起来。在卷积神经网络中全连接层起到将通过卷积层与池化层学习到的分布式特征表示映射到样本标记空间的作用。卷积神经网络中的全连接层可由卷积操作实现。

（4）损失函数层（loss layer）：用于决定训练过程如何来"惩罚"网络的预测结果和真实结果之间的差异，它通常是网络的最后一层。各种不同的损失函数适用于不同类型的任务。例如，softmax 交叉熵损失函数常常被用于在 K 个类别中选出一个类别；sigmoid 交叉熵损失函数常常用于多个独立的二分类问题；欧几里得损失函数常常用于结果取值范围为任意实数的问题。

在此我们以经典的 LeNet-5 为例，对一个完整的卷积神经网络结构进行介绍。LeNet 诞生于 1994 年，由深度学习三巨头之一的 Yann LeCun 提出，他也被称为卷积神经网络之父。LeNet 主要用来进行手写字符的识别与分类，准确率达到 98%，并在美国的银行中投入使用，被用于读取北美约 10% 的支票。LeNet 奠定了现代卷积神经网络的基础。

图 16-2 为 LeNet-5 结构图，LeNet-5 是一个 6 层网络结构：三个卷积层、两个下采样层和一个全连接层（图中 C 代表卷积层，S 代表下采样层，F 代表全连接层）。

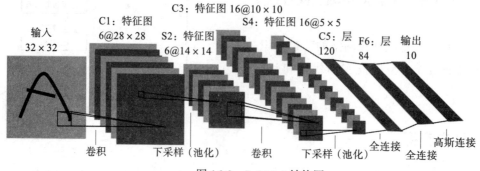

图 16-2　LeNet-5 结构图

在 LeNet 之后，卷积神经网络已经发展出多种模型，虽然它们多数有一些共同的结构元素，但是其整体结构往往各不相同，并且应用了许多降低训练计算量或者提高精度的技巧与方法。在此我们仍然通过用来识别手写数字的 LeNet-5 来介绍卷积神经网络的步骤。

16.3.1 向前传播阶段

LeNet-5 包括输入、输出层共有 8 层。除输入层之外，每层都包含可训练参数（连接权重）。而 LeNet-5 的结构层次反映了它的向前传播阶段的步骤。首先从样本集中取一个样本 (X,Y_p)，其中 X 代表参数集，Y_p 代表理想输出而将参数集 X 输入网络。之后的过程如下：

（1）在输入层，主要进行了原始输入数据的归一化与去均值。为了方便下一步的卷积运算，有时会对原始矩阵的边缘进行填充，填充的值一般为 0。

（2）在 C1 卷积层，对输入的向量组进行第一轮卷积操作。卷积层是卷积神经网络的核心，通过不同的卷积核来获取图片的特征。卷积核相当于一个滤波器，不同的滤波器提取不同特征。典型的二维矩阵的单个卷积运算如下：

$$(f*g) = \sum_{k=0}^{n}\sum_{h=0}^{n} f(k,h)g(k,h) \qquad (16\text{-}1)$$

其中，f 表示进行卷积运算的子矩阵，g 代表卷积核矩阵，f 与 g 的行列数相同。其计算方式为图像块对应位置的数与卷积核对应位置的数相乘，然后将所有相乘结果相加得到一个值。

在对图片的二维矩阵进行处理时，卷积核在图像上滑动，滑动步长为 1（即每次移动一格，水平方向从左到右，到最右边之后再从最左边开始，向下移动一格，重复从左到右滑动），当卷积核与图像的一个局部块重合时进行式（16-1）中的卷积运算，然后将得到的值填入特征图（feature map）中，如图 16-3 所示。

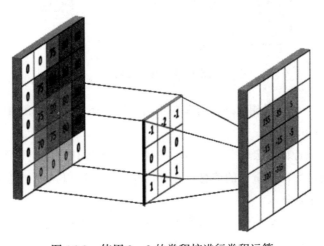

图 16-3 使用 3×3 的卷积核进行卷积运算

在 LeNet-5 的 C1 层中，除了基本的卷积运算外，还使用 sigmoid 作为激活函数。sigmoid 函数的定义如下：

$$\sigma(x) = \frac{1}{1+e^{-x}} \tag{16-2}$$

其输入 x 是卷积核 W 与输入子矩阵 a 的卷积运算结果加上偏置 b：

$$x = (a*W) + b \tag{16-3}$$

用 6 个大小不同的 5×5 的卷积核对输入的 32×32 的图像矩阵进行卷积运算后，最终得到 6 个 28×28 的卷积特征图。

（3）在 S2 池化层，对 C1 得到的每个卷积特征图进行池化运算。为了进行降维，基本上每个卷积层后边都会接一个池化层。一般都将原来的卷积层的输出矩阵大小变为原来的四分之一。池化有多种，这里主要介绍两种，即最大池化（max-pooling）和平均池化（average-pooling）。最大池化即从矩阵中每 4 个元素中选取一个最大的值来表示这 4 个元素，平均池化则用 4 个元素的和来表示这 4 个元素，如图 16-4 所示。

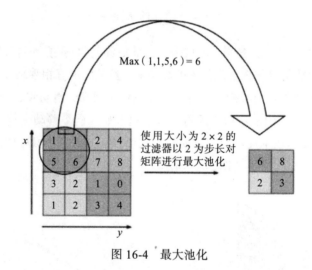

图 16-4　最大池化

S2 层除了将每 4 个元素相加外，与在卷积层相同，还对它们的和乘以参数 w 再加上偏置 b，然后计算 sigmoid 值。

如此，每个卷积特征图会转化为 14×14 的特征图。池化层的主要作用就是减少数据，降低数据维度的同时保留最重要的信息。在数据减少后，可以减少神经网络的维度和计算量，可以防止参数过拟合。

（4）在 C3 卷积层，通过 5×5 的卷积核对 S2 中输出的 6 个特征图进行卷积，然后得到一个 10×10 的特征图。C3 层使用了 16 种不同的卷积核，所以会存在 16 个特征图。这里需要注意一点：C3 中的每个特征图由对 S2 层的所有特征图进行卷积运算得到，因此 C3 层得到的特征图是 S2 层提取到的特征图的不同组合。

（5）在 S4 池化层，与 S2 层进行同样的池化操作。输出结果为 16 个大小为 5×5 的特征图。

（6）在 C5 卷积层，卷积核数目增加到了 120 个，大小为 5×5。由于 S4 层输出的特征图大小为 5×5，因此 C5 层也可以看成全连接层，输出为 120 个大小为 1×1 的特征图。

（7）在 F6 全连接层，有 84 个神经元（84 与输出层的设计有关），与 C5 层全连接。F6 层计算输入向量和权重向量间的点积，再加上一个偏置，然后将其传递给 sigmoid 函数运算得到神经元的输出。

（8）输出层采用了"高斯连接"。高斯连接由欧式径向基单元（Euclidean Radial Basis Function Unit）组成，每类一个单元，每个单元有 84 个输入。计算每个 RBF 单元 y_i 的输出的式子如下：

$$y_i = \sum_j \left(x_j - \omega_{ij}\right)^2 \quad (16\text{-}4)$$

式（16-4）用来表示该单元输入向量和参数向量之间的欧式距离。输入离参数向量越远，RBF 输出越大。因此，一个 RBF 输出可以被理解为衡量输入模式和与 RBF 相关联类的一个模型的匹配程度的惩罚项。RBF 参数向量起着 F6 层目标向量的角色。这些参数向量的成分是 +1 或者 −1，使得 F6 层的神经元运行在最大非线性范围内，避免了 sigmoid 函数的饱和。该单元的输出作为损失函数的输入，用以衡量模型的预测结果同实际结果之间的差异。

16.3.2 向后传播阶段

神经网络的向后传播阶段也就是神经网络的训练阶段。在神经网络的训练过程中，会通过最后一层的高斯连接计算神经网络的实际输出 O_p 与相应的理想输出 Y_p 的差异性，之后使用梯度下降法反向传播以调整权重及偏置，逐渐提高神经网络的识别精度。

卷积神经网络中的卷积操作有别于一般前馈神经网络中的全连接形式。所以针对卷积神经网络的卷积层和池化层这两种特殊结构，与原始的反向传播算法相比，需要对梯度下降法做一些改变。

（1）池化层没有激活函数，同时池化层在前向传播的时候，对输入进行了压缩，因此需要先还原前一个隐藏层的误差矩阵，再计算前一层的梯度。对前一个隐藏层进行还原的过程一般被称为升采样（upsample）。不同的池化方法有相对应的升采样方法。在 LeNet-5 中，使用的是 2×2 的平均池化，以此为例，假设池化层之后一层的梯度矩阵的某个子矩阵为：

$$\alpha = \begin{pmatrix} 1 & 4 \\ 16 & 64 \end{pmatrix}$$

则对它进行平均转换的升采样后得到：

$$\mathrm{upsample}(\alpha) = \begin{pmatrix} 0.25 & 0.25 & 1 & 1 \\ 0.25 & 0.25 & 1 & 1 \\ 4 & 4 & 16 & 16 \\ 4 & 4 & 16 & 16 \end{pmatrix}$$

这样就得到了未池化前规格的梯度矩阵的值。其中，upsample 函数完成了池化误差矩阵放大与误差重新分配的逻辑。再根据梯度下降法，可以得到前一层的梯度矩阵：

$$\delta^{l-1} = \mathrm{upsample}(\delta^l) \odot \sigma'(z^{l-1}) \tag{16-5}$$

其中 $\odot$ 表示哈达玛积运算，而 z^{l-1} 表示来自前一层的权重与输入的积的累加和再加上偏置。

（2）卷积层是通过若干卷积核卷积求和而得到的当前层的输出。这样在卷积层反向传播的时候，上一层的梯度递推计算方法会有所不同。同时由于应用权重时的运算是卷积，那么从通过梯度计算推导出该层的所有卷积核的权重与偏置的方式也不同。卷积层的梯度矩阵计算方法如下：

$$\delta^{l-1} = \delta^l * rot180(W^l) \odot \sigma'(z^{l-1}) \tag{16-6}$$

其中 $\odot$ 仍然是哈达玛积运算，z^{l-1} 表示来自前一层的权重与输入的积的累加和再加上偏置。$rot180(W^l)$ 为该卷积层的卷积核旋转 180° 之后得到的矩阵。

需要注意的是，卷积层可以有多个卷积核，各个卷积核的处理方法是完全相同且独立的。

16.4 算法实例

下面使用了 TensorFlow 框架的神经网络中封装的卷积与池化层等结构实现了 LeNet-5。同时在此将网络的结构输出并用 Tensorboard 展示。

```python
import tensorflow as tf
# 参数概要
def variable_summaries(var):
    with tf.name_scope('summaries'):
        mean = tf.reduce_mean(var)
        tf.summary.scalar('mean', mean)# 平均值
        with tf.name_scope('stddev'):
```

```python
            stddev = tf.sqrt(tf.reduce_mean(tf.square(var - mean)))
        tf.summary.scalar('stddev', stddev)# 标准差
        tf.summary.scalar('max', tf.reduce_max(var))# 最大值
        tf.summary.scalar('min', tf.reduce_min(var))# 最小值
        tf.summary.histogram('histogram', var)# 直方图

# 初始化权值
def weight_variable(shape, name):
    initial = tf.truncated_normal(shape, stddev=0.1)# 生成一个截断的正态分布
    return tf.Variable(initial, name=name)

# 初始化偏置
def bias_variable(shape, name):
    initial = tf.constant(0.1, shape=shape)
    return tf.Variable(initial, name=name)

# 卷积层
def conv2d(x, W):
    #x input tensor of shape `[batch, in_height, in_width, in_channels]`
    #W filter / kernel tensor of shape [filter_height, filter_width, in_channels, out_channels]
    #`strides[0] = strides[3] = 1`. strides[1]代表x方向的步长,strides[2]代表y方向的步长
    #padding: A `string` from: `"SAME", "VALID"`
    return tf.nn.conv2d(x, W, strides=[1, 1, 1, 1], padding='SAME')

# 池化层
def max_pool_2x2(x):
    #ksize [1, x, y, 1]
    return tf.nn.max_pool(x, ksize=[1, 2, 2, 1], strides=[1, 2, 2, 1], padding='SAME')

# 命名空间
with tf.name_scope('input'):
    # 定义两个placeholder
    x = tf.placeholder(tf.float32, [None, 784], name='x-input')
    y = tf.placeholder(tf.float32, [None, 10], name='y-input')
    with tf.name_scope('x_image'):
        # 改变x的格式转为4D的向量[batch, in_height, in_width, in_channels]`
        x_image = tf.reshape(x, [-1, 28, 28, 1], name='x_image')


with tf.name_scope('Conv1'):
    # 初始化第一个卷积层的权值和偏置
    with tf.name_scope('W_conv1'):
        W_conv1 = weight_variable([5, 5, 1, 32], name='W_conv1')#5*5 的采样窗口, 32个卷积核从1个平面抽取特征
```

```python
        with tf.name_scope('b_conv1'):
            b_conv1 = bias_variable([32], name='b_conv1')# 每一个卷积核对应一个偏置值

        # 把 x_image 和权值向量进行卷积，再加上偏置值，然后应用于 relu 激活函数
        with tf.name_scope('conv2d_1'):
            conv2d_1 = conv2d(x_image, W_conv1) + b_conv1
        with tf.name_scope('relu'):
            h_conv1 = tf.nn.relu(conv2d_1)
        with tf.name_scope('h_pool1'):
            h_pool1 = max_pool_2x2(h_conv1)# 进行 max-pooling

    with tf.name_scope('Conv2'):
        # 初始化第二个卷积层的权值和偏置
        with tf.name_scope('W_conv2'):
            W_conv2 = weight_variable([5, 5, 32, 64], name='W_conv2')#5*5 的采样窗口，
64 个卷积核从 32 个平面抽取特征
        with tf.name_scope('b_conv2'):
            b_conv2 = bias_variable([64], name='b_conv2')# 每一个卷积核一个偏置值

        # 把 h_pool1 和权值向量进行卷积，再加上偏置值，然后应用于 relu 激活函数
        with tf.name_scope('conv2d_2'):
            conv2d_2 = conv2d(h_pool1, W_conv2) + b_conv2
        with tf.name_scope('relu'):
            h_conv2 = tf.nn.relu(conv2d_2)
        with tf.name_scope('h_pool2'):
            h_pool2 = max_pool_2x2(h_conv2)# 进行 max-pooling

    #28×28 的图片第一次卷积后还是 28×28，第一次池化后变为 14×14
    # 第二次卷积后为 14×14，第二次池化后变为了 7×7
    # 进过上面操作后得到 64 张 7×7 的平面

    with tf.name_scope('fc1'):
        # 初始化第一个全连接层的权值
        with tf.name_scope('W_fc1'):
            W_fc1 = weight_variable([7*7*64, 1024], name='W_fc1')# 上一场有 7×7×64 个
神经元，全连接层有 1024 个神经元
        with tf.name_scope('b_fc1'):
            b_fc1 = bias_variable([1024], name='b_fc1')#1024 个节点

        # 把池化层 2 的输出扁平化为一维
        with tf.name_scope('h_pool2_flat'):
            h_pool2_flat = tf.reshape(h_pool2, [-1, 7*7*64], name='h_pool2_flat')
        # 求第一个全连接层的输出
        with tf.name_scope('wx_plus_b1'):
            wx_plus_b1 = tf.matmul(h_pool2_flat, W_fc1) + b_fc1
        with tf.name_scope('relu'):
            h_fc1 = tf.nn.relu(wx_plus_b1)
```

```python
        #keep_prob用来表示神经元的输出概率
        with tf.name_scope('keep_prob'):
            keep_prob = tf.placeholder(tf.float32, name='keep_prob')
        with tf.name_scope('h_fc1_drop'):
            h_fc1_drop = tf.nn.dropout(h_fc1, keep_prob, name='h_fc1_drop')

    with tf.name_scope('fc2'):
        # 初始化第二个全连接层
        with tf.name_scope('W_fc2'):
            W_fc2 = weight_variable([1024, 10], name='W_fc2')
        with tf.name_scope('b_fc2'):
            b_fc2 = bias_variable([10], name='b_fc2')
        with tf.name_scope('wx_plus_b2'):
            wx_plus_b2 = tf.matmul(h_fc1_drop, W_fc2) + b_fc2
        with tf.name_scope('softmax'):
            # 计算输出
            prediction = tf.nn.softmax(wx_plus_b2)

# 交叉熵代价函数
    with tf.name_scope('cross_entropy'):
        cross_entropy = tf.reduce_mean(tf.nn.softmax_cross_entropy_with_
logits(labels=y, logits=prediction), name='cross_entropy')
        tf.summary.scalar('cross_entropy', cross_entropy)

# 使用AdamOptimizer进行优化
    with tf.name_scope('train'):
        train_step = tf.train.AdamOptimizer(1e-4).minimize(cross_entropy)

# 求准确率
    with tf.name_scope('accuracy'):
        with tf.name_scope('correct_prediction'):
            # 结果存放在一个布尔列表中
            correct_prediction = tf.equal(tf.argmax(prediction, 1), tf.argmax(y,
1))#argmax 返回一维张量中最大的值所在的位置
        with tf.name_scope('accuracy'):
            # 求准确率
            accuracy = tf.reduce_mean(tf.cast(correct_prediction, tf.float32))
            tf.summary.scalar('accuracy', accuracy)

# 合并所有的summary
    merged = tf.summary.merge_all()

    with tf.Session() as sess:
        sess.run(tf.global_variables_initializer())
        train_writer = tf.summary.FileWriter('./logs/train', sess.graph)
        test_writer = tf.summary.FileWriter('./logs/test', sess.graph)
```

所定义的卷积神经网络的结构图如图 16-5 所示。

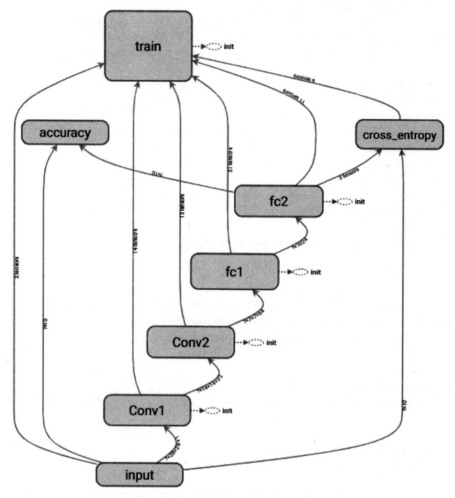

图 16-5　TensorBoard 展示的 LeNet-5 结构图

16.5　算法应用

　　LeNet-5 诞生之初被用来进行手写字符的识别与分类，并在美国的银行中投入使用，用于读取北美约 10% 的支票。

　　这里在通过 TensorFlow 框架实现 LeNet-5 的基础上，使用 Mnist 数据集对 LeNet-5 进行训练以实现分类，实现识别格式化的手写数字图片的功能，并展示了每 100 次迭代调整之后的识别准确率。

```python
from tensorflow.examples.tutorials.mnist import input_data
import tensorflow as tf

mnist = input_data.read_data_sets('MNIST_data', one_hot=True)
# 每个批次的大小
batch_size = 100
# 计算一共有多少个批次
n_batch = mnist.train.num_examples // batch_size

# 参数概要
def variable_summaries(var):
    with tf.name_scope('summaries'):
        mean = tf.reduce_mean(var)
        tf.summary.scalar('mean', mean)# 平均值
        with tf.name_scope('stddev'):
            stddev = tf.sqrt(tf.reduce_mean(tf.square(var - mean)))
        tf.summary.scalar('stddev', stddev)# 标准差
        tf.summary.scalar('max', tf.reduce_max(var))# 最大值
        tf.summary.scalar('min', tf.reduce_min(var))# 最小值
        tf.summary.histogram('histogram', var)# 直方图

# 初始化权值
def weight_variable(shape, name):
    initial = tf.truncated_normal(shape, stddev=0.1)# 生成一个截断的正态分布
    return tf.Variable(initial, name=name)

# 初始化偏置
def bias_variable(shape, name):
    initial = tf.constant(0.1, shape=shape)
    return tf.Variable(initial, name=name)

# 卷积层
def conv2d(x, W):
    #x input tensor of shape `[batch, in_height, in_width, in_channels]`
    #W filter / kernel tensor of shape [filter_height, filter_width, in_channels, out_channels]
    #`strides[0] = strides[3] = 1`. strides[1]代表x方向的步长，strides[2]代表y方向的步长
    #padding: A `string` from: `"SAME", "VALID"`
    return tf.nn.conv2d(x, W, strides=[1, 1, 1, 1], padding='SAME')

# 池化层
def max_pool_2x2(x):
    #ksize [1, x, y, 1]
    return tf.nn.max_pool(x, ksize=[1, 2, 2, 1], strides=[1, 2, 2, 1], padding='SAME')
```

```python
        #命名空间
        with tf.name_scope('input'):
            #定义两个placeholder
            x = tf.placeholder(tf.float32, [None, 784], name='x-input')
            y = tf.placeholder(tf.float32, [None, 10], name='y-input')
            with tf.name_scope('x_image'):
                #改变x的格式转为4D的向量[batch, in_height, in_width, in_channels]`
                x_image = tf.reshape(x, [-1, 28, 28, 1], name='x_image')
        with tf.name_scope('Conv1'):
            #初始化第一个卷积层的权值和偏置
            with tf.name_scope('W_conv1'):
                W_conv1 = weight_variable([5, 5, 1, 32], name='W_conv1') #5*5的采样窗口,32个卷积核从1个平面抽取特征
            with tf.name_scope('b_conv1'):
                b_conv1 = bias_variable([32], name='b_conv1')#每一个卷积核一个偏置值

            #把x_image和权值向量进行卷积,再加上偏置值,然后应用于relu激活函数
            with tf.name_scope('conv2d_1'):
                conv2d_1 = conv2d(x_image, W_conv1) + b_conv1
            with tf.name_scope('relu'):
                h_conv1 = tf.nn.relu(conv2d_1)
            with tf.name_scope('h_pool1'):
                h_pool1 = max_pool_2x2(h_conv1)#进行max-pooling

        with tf.name_scope('Conv2'):
            #初始化第二个卷积层的权值和偏置
            with tf.name_scope('W_conv2'):
                W_conv2 = weight_variable([5, 5, 32, 64], name='W_conv2') #5*5的采样窗口,64个卷积核从32个平面抽取特征
            with tf.name_scope('b_conv2'):
                b_conv2 = bias_variable([64], name='b_conv2')#每一个卷积核一个偏置值

            #把h_pool1和权值向量进行卷积,再加上偏置值,然后应用于relu激活函数
            with tf.name_scope('conv2d_2'):
                conv2d_2 = conv2d(h_pool1, W_conv2) + b_conv2
            with tf.name_scope('relu'):
                h_conv2 = tf.nn.relu(conv2d_2)
            with tf.name_scope('h_pool2'):
                h_pool2 = max_pool_2x2(h_conv2)#进行max-pooling

        #28×28的图片第一次卷积后还是28×28,第一次池化后变为14×14
        #第二次卷积后为14×14,第二次池化后变为7×7
        #进过上面操作后得到64张7×7的平面

        with tf.name_scope('fc1'):
            #初始化第一个全连接层的权值
            with tf.name_scope('W_fc1'):
```

```python
            W_fc1 = weight_variable([7*7*64, 1024], name='W_fc1')#上一场有7*7*64个神
经元，全连接层有1024个神经元
        with tf.name_scope('b_fc1'):
            b_fc1 = bias_variable([1024], name='b_fc1')#1024个节点

        # 把池化层2的输出扁平化为一维
        with tf.name_scope('h_pool2_flat'):
            h_pool2_flat = tf.reshape(h_pool2, [-1, 7*7*64], name='h_pool2_flat')
        # 求第一个全连接层的输出
        with tf.name_scope('wx_plus_b1'):
            wx_plus_b1 = tf.matmul(h_pool2_flat, W_fc1) + b_fc1
        with tf.name_scope('relu'):
            h_fc1 = tf.nn.relu(wx_plus_b1)

        #keep_prob用来表示神经元的输出概率
        with tf.name_scope('keep_prob'):
            keep_prob = tf.placeholder(tf.float32, name='keep_prob')
        with tf.name_scope('h_fc1_drop'):
            h_fc1_drop = tf.nn.dropout(h_fc1, keep_prob, name='h_fc1_drop')

    with tf.name_scope('fc2'):
        # 初始化第二个全连接层
        with tf.name_scope('W_fc2'):
            W_fc2 = weight_variable([1024, 10], name='W_fc2')
        with tf.name_scope('b_fc2'):
            b_fc2 = bias_variable([10], name='b_fc2')
        with tf.name_scope('wx_plus_b2'):
            wx_plus_b2 = tf.matmul(h_fc1_drop, W_fc2) + b_fc2
        with tf.name_scope('softmax'):
            # 计算输出
            prediction = tf.nn.softmax(wx_plus_b2)

# 交叉熵代价函数
with tf.name_scope('cross_entropy'):
    cross_entropy = tf.reduce_mean(tf.nn.softmax_cross_entropy_with_
logits(labels=y, logits=prediction), name='cross_entropy')
    tf.summary.scalar('cross_entropy', cross_entropy)

# 使用AdamOptimizer进行优化
with tf.name_scope('train'):
    train_step = tf.train.AdamOptimizer(1e-4).minimize(cross_entropy)

# 求准确率
with tf.name_scope('accuracy'):
    with tf.name_scope('correct_prediction'):
        # 结果存放在一个布尔列表中
        correct_prediction = tf.equal(tf.argmax(prediction, 1), tf.argmax(y, 1))
```

```
#argmax 返回一维张量中最大的值所在的位置
        with tf.name_scope('accuracy'):
            # 求准确率
            accuracy = tf.reduce_mean(tf.cast(correct_prediction, tf.float32))
            tf.summary.scalar('accuracy', accuracy)

    # 合并所有的 summary
    merged = tf.summary.merge_all()

    with tf.Session() as sess:
        sess.run(tf.global_variables_initializer())
        train_writer = tf.summary.FileWriter('logs/train', sess.graph)
        test_writer = tf.summary.FileWriter('logs/test', sess.graph)
        for i in range(1001):
            # 训练模型
            batch_xs, batch_ys = mnist.train.next_batch(batch_size) sess.run(train_step, feed_dict={x:batch_xs, y:batch_ys, keep_prob:0.5})
            # 记录训练集计算的参数
            summary = sess.run(merged, feed_dict={x:batch_xs, y:batch_ys, keep_prob:1.0})
            train_writer.add_summary(summary, i)
            # 记录测试集计算的参数
            batch_xs, batch_ys = mnist.test.next_batch(batch_size)
            summary = sess.run(merged, feed_dict={x:batch_xs, y:batch_ys, keep_prob:1.0})
            test_writer.add_summary(summary, i)

            if i%100==0:
                test_acc = sess.run(accuracy, feed_dict={x:mnist.test.images, y:mnist.test.labels, keep_prob:1.0})
                train_acc = sess.run(accuracy, feed_dict={x:mnist.train.images[:10000], y:mnist.train.labels[:10000], keep_prob:1.0})
                print ("Iter " + str(i) + ", Testing Accuracy= " + str(test_acc) + ", Training Accuracy= " + str(train_acc))
```

程序运行结果（每一百个迭代回合的训练精度）如下。

```
Iter 0, Testing Accuracy= 0.0999, Training Accuracy= 0.1022
Iter 100, Testing Accuracy= 0.5071, Training Accuracy= 0.5145
Iter 200, Testing Accuracy= 0.8253, Training Accuracy= 0.8242
Iter 300, Testing Accuracy= 0.9267, Training Accuracy= 0.9192
Iter 400, Testing Accuracy= 0.9432, Training Accuracy= 0.9335
Iter 500, Testing Accuracy= 0.9482, Training Accuracy= 0.9431
Iter 600, Testing Accuracy= 0.9522, Training Accuracy= 0.9524
Iter 700, Testing Accuracy= 0.9567, Training Accuracy= 0.9552
Iter 800, Testing Accuracy= 0.9618, Training Accuracy= 0.9617
Iter 900, Testing Accuracy= 0.9653, Training Accuracy= 0.9651
Iter 1000, Testing Accuracy= 0.9653, Training Accuracy= 0.9639
```

由上可知随着迭代次数的增加，其识别精度的变化如图 16-6 所示。

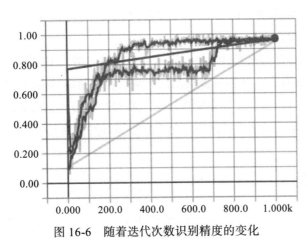

图 16-6　随着迭代次数识别精度的变化

16.6　算法的改进与优化

一般认为，Yann LeCun 于 1989 年发表的《Backpropagation Applied to Handwritten Zip Code》提出了第一个卷积神经网络。之后在 1998 年，Yann LeCun 提出了前文中介绍的 LeNet-5，这成为卷积神经网络的一个里程碑。

2012 年，Alex Krizhevsky 等人提出了一个性能优异的卷积神经网络，随后被称为 AlexNet。AlexNet 应用了很多对于卷积神经网络的重要改进，其中一些方法一直到现在都广泛使用。

1. 线性整流函数（ReLu）

为了提高神经网络在训练阶段的效率，AlexNet 使用线性整流函数（ReLu）代替传统正切函数引入非线性。相比传统的正切函数以及 sigmoid 函数，使用 ReLu 函数作为激活函数可以大大减少向后传播阶段的计算量，从而缩短训练时间。目前在较深的神经网络中，ReLu 函数几乎完全替代了 sigmoid 函数的位置。

2. Dropout 层

另一个得到广泛应用的重要改进是加入了 Dropout 层应对训练数据过拟合的问题。在训练过程中，Dropout 层会按照特定的概率分布随机地丢弃一定数量的信息，并且在向前和向后传播过程中丢弃掉的数据有所不同。而在实际预测过程中，Dropout 层又会关闭丢弃参数的功能，让所有的参数发挥作用，从而更准确地做出预测。

3. 批处理随机梯度下降法

为了加快网络训练的速度并进一步改善过拟合的问题，AlexNet 还应用了批处理随机梯度下降法训练模型。批量随机梯度下降算法的基本思想是每次计算一部分训练数据的损失函数，而不是所有训练数据的损失函数。这样降低了向后传播阶段的计算规模，同时也在一定程度上减弱了过拟合。

在此之后，卷积神经网络继续发展，又有一些重要的网络架构被提出，例如VGG Net、GoogleNet和Res-Net等，这些后来被提出的网络或者对网络结构做了重要的调整，或者应用了新的技巧或者学习理念，使网络的深度进一步提高以得到更高的准确率和更好的效率。读者如果想要更好地学习卷积神经网络，就需要去了解卷积神经网络的最前沿发展。

16.7 本章小结

本章围绕经典的LeNet-5介绍了卷积神经网络（CNN），描述了LeNet-5的基本网络结构以及反向传播（Back-Propagation），并提供了使用LeNet-5进行手写数字识别的代码实现。本章的最后介绍了卷积神经网络的一些前沿发展与创新。

卷积神经网络的关键思想是局部感受野、权值共享以及时间或空间亚采样。通过应用卷积和池化等结构，卷积神经网络既降低了所要计算的参数规模，又增强了网络的拟合能力。再结合基于梯度下降的反向传播算法，卷积神经网络就可以被用于模式识别。由于这些优势，卷积神经网络在图像识别领域有着重要的应用。

16.8 本章习题

1. 选择题

（1）输入图片大小为 200×200，依次经过一层卷积（kernel size 5×5，padding 1，stride 2）、池化（kernel size 3×3，padding 0，stride 1），再经过一层卷积（kernel size 3×3，padding 1，stride 1）之后，输出特征图大小为（　　）。

　　A. 95　　　　　　B. 96　　　　　　C. 97　　　　　　D. 98

（2）梯度下降算法的步骤是（　　）。

　　a. 计算预测值和真实值之间的误差

　　b. 重复迭代，直至得到网络权重的最佳值

　　c. 把输入传入网络，得到输出值

　　d. 用随机值初始化权重和偏差

　　e. 对每一个产生误差的神经元，调整相应的（权重）值以减小误差

　　A. abcde　　　　B. edcba　　　　C. cbaed　　　　D. dcaeb

（3）下列哪一项在神经网络中引入了非线性？（　　）

A. 随机梯度下降　　　　　　　　B. 修正线性单元（ReLU）
C. 卷积函数　　　　　　　　　　D. 以上都不正确

2. 填空题

卷积神经网络中，池化层一般有_____和_____两种，即取特征图中一块区域的平均值或最大值。

3. 简答题

试列举几种常用的卷积神经网络，并分别简述它们的特点。

4. 编程题

试比较 AlexNet 与 LeNet 的异同，并使用 AlexNet 完成利用 Mnist 数据集的手写数字识别的网络训练。

CHAPTER 17

第 17 章

递归神经网络算法

17.1 算法概述

本章主要介绍递归神经网络的背景、发展历程、模型以及实例代码。需要说明的一点是，递归神经网络有两种，一种是基于时间的递归神经网络，常被用来进行时间序列预测，还有一种是基于结构的递归神经网络。本章讲述的是前一种，而后一种的思想更多与数据结构中的递归结构一致，读者如果感兴趣可以通过查阅其他资料学习。

对递归神经网络（Recurrent Neural Network，RNN）的讲解结合目前比较热门的 RNN 变体长短期记忆（Long Short Term Memory）模型。百度百科中对 RNN 的定义是一种节点定向连接成环的人工神经网络。

下面我们从人工神经网络讲起。人工神经网络是对人类神经元进行抽象从而建立的网络模型。它最初为了使机器能够完成类脑工作而被提出，之后因其自组织、自适应和自学习的特点被广泛应用到各个领域，在非线性系统建模与控制的应用中也发挥着越来越大的作用。回顾 BP 神经网络，其最大的特点就是前向传播与反向传递两个过程，它利用这两个过程不断调整网络从而达到一个很好的学习效果。RNN 继承了这一优点，并且对其进行了延伸。通常，我们可以把 RNN 看成是一种回路，在回路中，神经网络反复出现，可以将它看作人的大脑中某一个神经元在不同时间段的不同状态，随时间的推移，它所具备的信息会不断变化。这也就是为什么 RNN 在处理具有时间特性的序列化数据时有如此大的优越性。不过 RNN 刚提出时就面临了一个严峻的挑战，由于它保留不同时间段下网络信息的特点，如果不能很好地控制参数范围，网络学习到的模型往往会变得天马行空。试想，当我们在预测"池塘里有一条鱼"这句话时，RNN 在学习到"池塘里有一条"时，已经通过在之前类似训练到的信息中得到结果，但是你并没有控制好参数，所以本该得到"鱼"这样的答案，反而出现了"围巾""筷子"等不符合场景的一系列错误答案。值得一提的是，最初提出的 RNN 非常难以控制这种参数范围，导致其无法很好地得到应用，直到 LSTM 的出现，RNN 才算是取得了成功。LSTM 是 RNN 的一种变体，许多成功的应用背后都使用了 LSTM，常见的 RNN 变体还有完全递归网络、Hopfield 网络、回声状态网络、长短记忆网络、双向网络等。

需要强调的是，RNN 与前向神经网络的不同点还在于其网络结构中隐藏层之间的相互作用，其输入、输出层与前向神经网络并没有什么差异，而隐藏层除了要接收输入层的输入以外，还要接收不同时刻隐藏层自身的输入。在不同时刻隐藏层之间的连接权值决定了过去时刻对当前时刻的影响，所以会存在时间跨度过大而导致这种影响削弱甚至消失的现象，我们称之为梯度消失。对于梯度消失或者梯度爆炸理论，这里不作详述，有兴趣的读者可以自行查阅。

17.2 算法流程

RNN 模型的算法流程图如图 17-1 所示。

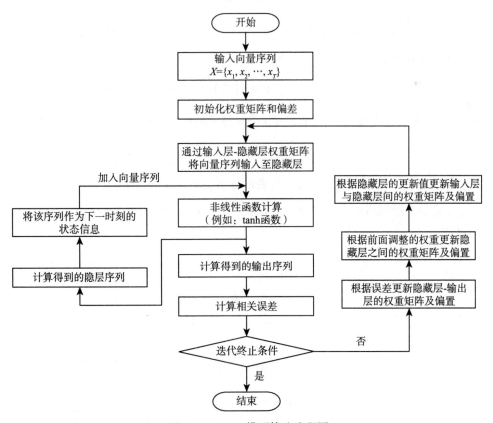

图 17-1　RNN 模型算法流程图

17.3 算法步骤

由于神经网络模型算法的步骤往往视实际应用背景而定,这里只简要对模型进行相关介绍,总体的训练过程均涉及前向传递和反向传播部分,作为神经网络基础,这里不再赘述。

RNN 的大量成功应用都来自于 LSTM,本节重点从 LSTM 对 RNN 的改进说起,让读者在了解什么是 RNN 和 LSTM 的同时深刻明白 RNN 的优缺点。

RNN 和一般神经网络相同,有超过三层的神经网络结构,以三层网络结构为例,下面我们对 RNN 做进一步的描述。

假设 RNN 隐藏层中的激励函数为 $f(x)$,输出层的激励函数为 $g(x)$,有:

$$h^t = f\left(n_{hj}^t\right) \quad (17\text{-}1)$$

n_{hj}^t 表示 t 时刻第 j 个神经元的隐藏层带参输入,h^t 表示 t 时刻隐藏层的输出。

$$n_{hj}^t = x^t V + h^{t-1} W + b_h \quad (17\text{-}2)$$

x^t 表示 t 时刻输入层的输入,V 表示从输入层到隐藏层的参数,W 表示不同时刻隐藏层之间的参数,b_h 表示隐藏层的计算偏差向量。

$$y^t = g\left(n_{yj}^t\right) \quad (17\text{-}3)$$

y^t 表示 t 时刻预测的输出,n_{yj}^t 表示第 j 个神经元的输出层在 t 时刻的带参输入。

$$n_{yj}^t = h^t U + b_y \quad (17\text{-}4)$$

其中 U 表示从隐藏层到输出层的参数,b_y 表示输出层的计算偏差向量。

上述参量是三层网络结构中涉及的中间量,用于表示 RNN 的网络结构,具体网络结构如图 17-2 所示。

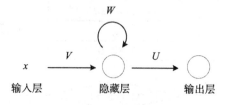

图 17-2　RNN 三层结构图

可以看出数据信息在隐藏层中经过了多次的自传递,这也是 RNN 主要在做的工作。

该结构图通常展开为更形象的三层结构图,有利于将模型推广到整个网络,展开后效果如图 17-3 所示。

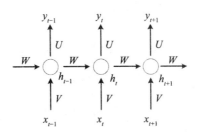

图 17-3　展开后的 RNN 三层结构

RNN 中最主要的特点就是隐藏层之间相互关联，而这层关联从图 17-3 中可以清晰地看出是基于时间节点的，RNN 的动态特征也由此而来。LSTM 作为 RNN 的一个衍生版本，其对 RNN 的改进也是在隐藏层方面的。具体改进是 LSTM 将 RNN 的每个隐藏层替换为一个 LSTM 单元，下面对 LSTM 的改进部分进行简要介绍，LSTM 单元结构如图 17-4 所示。

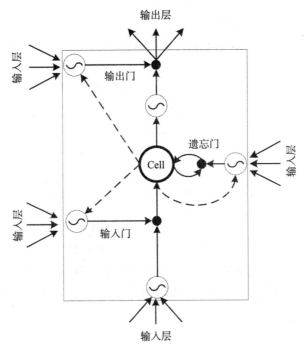

图 17-4　LSTM 单元结构

相比 RNN，LSTM 多了三个门结构，分别为输入门、输出门和遗忘门。输入层信息和前一个 LSTM 单元传递的信息存储到 LSTM 细胞时会通过这三种门的控制，三种门的计算方式如下：

$$ni^t = x^t i_{wx} + h^{t-1} i_{wh} + i_b \tag{17-5}$$

$$i^t = g(ni^t) \tag{17-6}$$

$$no^t = x^t o_{wx} + h^{t-1} o_{wh} + o_b \tag{17-7}$$

$$o^t = g(no^t) \tag{17-8}$$

$$nf^t = x^t f_{wx} + h^{t-1} f_{wh} + f_b \tag{17-9}$$

$$f^t = g(nf^t) \tag{17-10}$$

其中输入层信息 ni^t、no^t、nf^t 分别表示经过输入门、输出门、遗忘门输出的信息，i_{wx}、o_{wx}、f_{wx} 分别表示输入层信息经过激励函数处理后输入给三种门处理的信息（对应顺序同前），i_{wh}、o_{wh}、f_{wh} 表示上一个 LSTM 细胞传递的信息经过激励函数处理后需要输入三种门处理的信息，i_b、o_b、f_b 是三种门处理对应产生的计算偏差向量。

确定了三种门的输入输出信息以后，LSTM 还引入了名为 Cell 的中间状态，此状态中保存了过去的历史信息，而 Cell 的更新方式则依赖于前一时刻的信息 c^{t-1} 和当前时刻产生的新的信息 $\tilde{c}^t$：

$$nc^t = x^t c_{wx} + h^{t-1} c_{wh} + c_b \tag{17-11}$$

$$\tilde{c}^t = g(nc^t) \tag{17-12}$$

$$c^t = f^t c^{t-1} + i^t \tilde{c}^t \tag{17-13}$$

$$h^t = h(c^t) o^t \tag{17-14}$$

上述式子中，遗忘门信息用于更新前一个 LSTM 细胞传递的信息，输入门用于更新 Cell 新产生的信息，更新方式为作乘积，更新后的 Cell 信息经过激励函数处理再乘以输出门信息得到新的输出信息，用于传递给该神经元的输出层和下一个神经元的 LSTM 细胞。

在实际过程中，三种门会并行处理接收到的信息，而 Cell 状态能够防止出现记忆模糊的情况，实际上也因此缓解了 RNN 中梯度消失的问题。

17.4 算法实例

这部分运用 TensorFlow 框架下的 LSTM 循环神经网络实现 Mnist 数据集手写识别，返回结果为按步长（以 20 次迭代为一步长）划分的识别精度。

```python
import tensorflow as tf
from tensorflow.examples.tutorials.mnist import input_data
mnist = input_data.read_data_sets('MNIST_data', one_hot=True)

# configuration
#                         O * W + b -> 10 labels for each image, O[? 128], W[128 10], B[10]
#                         ^ (O: output 28 vec from 28 vec input)
#                         |
#      +-+   +-+         +--+
#      |1|->|2|-> ...  |28|  n_steps = 28
#      +-+   +-+         +--+
#       ^     ^    ...    ^
#       |     |           |
# img1:[28]  [28]  ... [28]
# img2:[28]  [28]  ... [28]
# img3:[28]  [28]  ... [28]
# ...
# img128(batch_size=128)
# each input size =28

# hyperparameters
learning_rate = 0.001
training_iters = 100000
batch_size = 128

n_inputs = 28         # 输入向量的维度
n_steps = 28          # 循环层长度
n_hidden_units = 128  # neurons in hidden layer 隐含层的特征数
n_classes = 10        # MNIST classes (0-9 digits)

# X, input shape: (batch_size, n_steps, n_inputs)
x = tf.placeholder(tf.float32, [None, n_steps, n_inputs])
#y, shape:(batch_size, n_classes)
y = tf.placeholder(tf.float32, [None, n_classes])

# Define weights and biases
#in: 每个cell输入的全连接层参数
#out: 定义用于输出的全连接层参数
weights = {
    # (28, 128)
    'in': tf.Variable(tf.random_normal([n_inputs, n_hidden_units])),
    # (128, 10)
    'out': tf.Variable(tf.random_normal([n_hidden_units, n_classes]))
}
biases = {
    # (128, )
    'in': tf.Variable(tf.constant(0.1, shape=[n_hidden_units, ])),
    # (10, )
    'out': tf.Variable(tf.constant(0.1, shape=[n_classes, ]))
}
```

```python
    def RNN(X, weights, biases):
        # hidden layer for input to cell
        ########################################
        # X (128 batch, 28 steps, 28 inputs) ==> (128 batch * 28 steps, 28 inputs)
        X = tf.reshape(X, [-1, n_inputs])
        # into hidden
        # X_in =[128 bach*28 steps, 28 inputs]*[28 inputs, 128 hidden_units]=[128 batch * 28 steps, 128 hidden]
        X_in = tf.matmul(X, weights['in']) + biases['in']
        # X_in ==> (128 batch, 28 steps, 128 hidden)
        X_in = tf.reshape(X_in, [-1, n_steps, n_hidden_units])

        # cell
        ##########################################
        # basic LSTM Cell. 初始的 bias=1，不希望遗忘任何信息
        cell = tf.contrib.rnn.BasicLSTMCell(n_hidden_units, forget_bias=1.0, state_is_tuple=True)
        # lstm cell is divided into two parts (c_state, h_state)
        init_state = cell.zero_state(batch_size, dtype=tf.float32)
        # dynamic_rnn receive Tensor (batch, steps, inputs) or (steps, batch, inputs) as X_in.
        # n_steps 位于次要维度 time_major=False
        outputs, final_state = tf.nn.dynamic_rnn(cell, X_in, initial_state=init_state, time_major=False)

        # hidden layer for output as the final results
        ##########################################
        # unpack to list [(batch, outputs)..] * steps
        # permute time_step_size and batch_size, [28, 128, 28]
        outputs = tf.unstack(tf.transpose(outputs, [1, 0, 2]))
        # 选择最后一个 output 与输出的全连接 weights 相乘再加上 biases
        results = tf.matmul(outputs[-1], weights['out']) + biases['out']    # shape = (128, 10)
        return results

    pred = RNN(x, weights, biases)
    cost = tf.reduce_mean(tf.nn.softmax_cross_entropy_with_logits(logits=pred, labels=y))
    train_op = tf.train.AdamOptimizer(learning_rate).minimize(cost)
    correct_pred = tf.equal(tf.argmax(pred, 1), tf.argmax(y, 1))
    accuracy = tf.reduce_mean(tf.cast(correct_pred, tf.float32))

    with tf.Session() as sess:
        # 初始化
        init = tf.global_variables_initializer()
        sess.run(init)
        step = 0
        # 持续迭代
        while step * batch_size < training_iters:
            # 随机抽出这一次迭代训练时用的数据
```

```
            batch_xs, batch_ys = mnist.train.next_batch(batch_size)
            # 对数据进行处理,使得其符合输入
            batch_xs = batch_xs.reshape([batch_size, n_steps, n_inputs])
            #迭代
            sess.run([train_op], feed_dict={x: batch_xs, y: batch_ys, })
            # 在特定的迭代回合进行数据的输出
            if step % 20 == 0:
                #输出准确度
                print('Accuracy: %.6f'%sess.run(accuracy, feed_dict={x: batch_xs, y: batch_ys, }))
            step += 1
```

实验结果如下(每个迭代回合的训练精度)。

```
Accuracy: 0.187500
Accuracy: 0.656250
Accuracy: 0.671875
Accuracy: 0.882812
Accuracy: 0.851562
Accuracy: 0.812500
Accuracy: 0.890625
Accuracy: 0.906250
Accuracy: 0.914062
Accuracy: 0.914062
Accuracy: 0.914062
Accuracy: 0.914062
Accuracy: 0.929688
Accuracy: 0.914062
Accuracy: 0.937500
Accuracy: 0.945312
Accuracy: 0.921875
Accuracy: 0.929688
Accuracy: 0.921875
Accuracy: 0.945312
Accuracy: 0.945312
Accuracy: 0.914062
Accuracy: 0.968750
Accuracy: 0.945312
Accuracy: 0.968750
Accuracy: 0.960938
Accuracy: 0.976562
Accuracy: 0.960938
Accuracy: 0.984375
Accuracy: 0.968750
Accuracy: 0.953125
Accuracy: 0.968750
Accuracy: 0.984375
Accuracy: 0.953125
Accuracy: 0.937500
```

```
Accuracy: 0.953125
Accuracy: 0.945312
Accuracy: 0.968750
Accuracy: 0.960938
Accuracy: 0.976562
```

17.5 算法应用

本节同样用到了 Mnist 数据集，且使用 LSTM 网络对数据进行了分类，并进行了可视化分析。

```
import tensorflow as tf
from tensorflow.examples.tutorials.mnist import input_data
import pylab as plt
import numpy as np

tf.reset_default_graph()

# Hyper Parameters
learning_rate = 0.01        # 学习率
n_steps = 28                # LSTM 展开步数（时序持续长度）
n_inputs = 28               # 输入节点数
n_hiddens = 64              # 隐层节点数
n_layers = 2                # LSTM layer 层数
n_classes = 10              # 输出节点数（分类数目）

# data
mnist = input_data.read_data_sets("MNIST_data", one_hot=True)
test_x = mnist.test.images
test_y = mnist.test.labels

# tensor placeholder
with tf.name_scope('inputs'):
    x = tf.placeholder(tf.float32, [None, n_steps * n_inputs], name='x_input')   # 输入
    y = tf.placeholder(tf.float32, [None, n_classes], name='y_input')  # 输出
    keep_prob = tf.placeholder(tf.float32, name='keep_prob_input')      # 保持多少不被 dropout
    batch_size = tf.placeholder(tf.int32, [], name='batch_size_input')    # 批大小

# weights and biases
with tf.name_scope('weights'):
    Weights = tf.Variable(tf.truncated_normal([n_hiddens, n_classes],
               stddev=0.1), dtype=tf.float32, name='W')
    tf.summary.histogram('output_layer_weights', Weights)
with tf.name_scope('biases'):
    biases = tf.Variable(tf.random_normal([n_classes]), name='b')
```

```python
            tf.summary.histogram('output_layer_biases', biases)

    # RNN structure
    def RNN_LSTM(x, Weights, biases):
        # RNN 输入 reshape
        x = tf.reshape(x, [-1, n_steps, n_inputs])
        # 定义 LSTM cell
        # cell 中的 dropout
        def attn_cell():
            lstm_cell = tf.contrib.rnn.BasicLSTMCell(n_hiddens)
            with tf.name_scope('lstm_dropout'):
                return tf.contrib.rnn.DropoutWrapper(lstm_cell, output_keep_prob=keep_prob)
            # attn_cell = tf.contrib.rnn.DropoutWrapper(lstm_cell, output_keep_prob=keep_prob)
        # 实现多层 LSTM
        # [attn_cell() for _ in range(n_layers)]
        enc_cells = []
        for i in range(0, n_layers):
            enc_cells.append(attn_cell())
        with tf.name_scope('lstm_cells_layers'):
            mlstm_cell = tf.contrib.rnn.MultiRNNCell(enc_cells, state_is_tuple=True)
        # 全零初始化 state
        _init_state = mlstm_cell.zero_state(batch_size, dtype=tf.float32)
        # dynamic_rnn 运行网络
        outputs, states = tf.nn.dynamic_rnn(mlstm_cell, x, initial_state=_init_state, dtype=tf.float32, time_major=False)
        # 输出
        #return tf.matmul(outputs[:, -1, :], Weights) + biases
        return tf.nn.softmax(tf.matmul(outputs[:, -1, :], Weights) + biases)

    with tf.name_scope('output_layer'):
        pred = RNN_LSTM(x, Weights, biases)
        tf.summary.histogram('outputs', pred)
    # cost
    with tf.name_scope('loss'):
        #cost = tf.reduce_mean(tf.nn.softmax_cross_entropy_with_logits(logits=pred, labels=y))
        cost = tf.reduce_mean(-tf.reduce_sum(y * tf.log(pred), reduction_indices=[1]))
        tf.summary.scalar('loss', cost)
    # optimizer
    with tf.name_scope('train'):
        train_op = tf.train.AdamOptimizer(learning_rate=learning_rate).minimize(cost)

    # correct_pred = tf.equal(tf.argmax(pred, 1), tf.argmax(y, 1))
    # accuarcy = tf.reduce_mean(tf.cast(correct_pred, tf.float32))
    with tf.name_scope('accuracy'):
        accuracy = tf.metrics.accuracy(labels=tf.argmax(y, axis=1), predictions=tf.
```

```
argmax(pred, axis=1))[1]
        tf.summary.scalar('accuracy', accuracy)

    merged = tf.summary.merge_all()

    init = tf.group(tf.global_variables_initializer(), tf.local_variables_
initializer())

    with tf.Session() as sess:
        sess.run(init)
        #train_writer = tf.summary.FileWriter("F://WCW//train", sess.graph)
        #test_writer = tf.summary.FileWriter("F://WCW//test", sess.graph)
        # training
        step = 1
        list_Y1=[]
        list_Y2=[]
        list_X1_X2=[]
        for i in range(2000):
            _batch_size = 128
            batch_x, batch_y = mnist.train.next_batch(_batch_size)
            sess.run(train_op, feed_dict={x:batch_x, y:batch_y, keep_prob:0.5,
batch_size:_batch_size})
            if (i + 1) % 100 == 0:
                loss = sess.run(cost, feed_dict={x:batch_x, y:batch_y, keep_
prob:1.0, batch_size:_batch_size})
                list_Y1.append(loss)
                list_X1_X2.append(i)
                acc = sess.run(accuracy, feed_dict={x:batch_x, y:batch_y, keep_
prob:1.0, batch_size:_batch_size})
                list_Y2.append(acc)
                #print('Iter: %d' % ((i+1) * _batch_size), '| train loss: %.6f' %
loss, '| train accuracy: %.6f' % acc)
                train_result = sess.run(merged, feed_dict={x:batch_x, y:batch_y,
keep_prob:1.0, batch_size:_batch_size})
                test_result = sess.run(merged, feed_dict={x:test_x, y:test_y, keep_
prob:1.0, batch_size:test_x.shape[0]})
                train_writer.add_summary(train_result, i+1)
                test_writer.add_summary(test_result, i+1)
        print("Optimization Finished!")
        # prediction
        plt.figure(1)
        plt.subplot(211)
        plt.title("loss function")
        plt.xlabel("iter")
        plt.ylabel("loss")
        plt.plot(list_X1_X2, list_Y1)
        plt.figure(2)
        plt.subplot(212)
        plt.title("accuracy")
        plt.xlabel("iter")
```

```
    plt.ylabel("acc")
    plt.plot(list_X1_X2, list_Y2)
    print("Testing Accuracy:", sess.run(accuracy, feed_dict={x:test_x, y:test_y,
keep_prob:1.0, batch_size:test_x.shape[0]}))
```

实验结果如图 17-5 和图 17-6 所示。

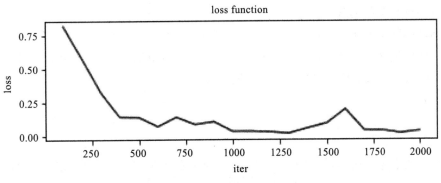

图 17-5　损失函数迭代曲线图

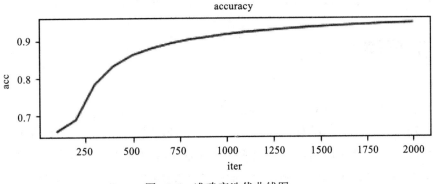

图 17-6　准确率迭代曲线图

17.6　算法的改进与优化

RNN 的改进主要在网络结构中的隐藏层进行，而我们从式（17-2）和式（17-4）中可以看出改进 RNN 的重点在于网络间权重和偏置的改进。

1. 循环部分结构

LSTM 对原始 RNN 的改进主要针对隐藏层部分循环的信息处理单元，引入了 Cell 作为存储信息的介质，加入了输入门、输出门、遗忘门对循环信息做更加丰富的处理，整体上我们可以理解为对隐藏层的单次循环做改进。根据此思想，GRU（Gated Recurrent Unit）神经网络在 LSTM 的基础上对输入门、输出门、遗忘门进行了改进，并替换为更新门和重置门。它简化了单步更新隐藏层参数的步骤，降低了工作量。大体上讲，不同算法改进的目的各不相同，但是我们可以认为改进目标是能够更快（收敛速度快）、更精确（收敛精度高）、更具泛化性（模型泛化能力强）。

2. 网络间权重和偏置

对网络间权重和偏置的改进，使得更新偏置时的梯度更加稳定，不会在大量循环出现后发生梯度消失或者爆炸。因此，在充分理解网络权重更新方式以及网络改进原因的基础上，读者可以轻而易举地实现 RNN 模型的相关改进。

17.7 本章小结

本章主要介绍了机器学习中的递归神经网络，简单阐述了算法的思想并以流程图的形式对算法进行整体讲解，然后详细阐述了算法的步骤并运用 LSTM 循环神经网络实现 Mnist 数据集手写识别。最后，使用 LSTM 网络对数据进行了分类，并进行了可视化分析，强化读者对算法的理解。经过本章的学习，读者应该对递归神经网络有深刻的理解。

17.8 本章习题

1. 选择题

（1）在网络结构中，LSTM 与 RNN 相比最突出的一个改进是（　　）。
  A. 输入层 B. 输出层 C. 超参数 D. Cell 结构

（2）在训练一个 RNN 网络的过程当中，你发现所有权重和激励值全部变成了 NAN 值（NAN 的意思是 Not A Number），下面哪一个选项可能是造成这一问题的原因？（　　）
  A. 梯度消失问题 B. 梯度爆炸问题
  C. 激励函数的问题 D. 计算机本身配置问题

（3）假如你正在训练一个如图 17-7 所示的 RNN 模型，下列选项中哪一个是在 t 时刻 RNN 最可能在做的工作？（　　）（此处 p 为可变向量。）
  A. 计算 $p(y^{<1>}, y^{<2>}, \cdots, y^{<t-1>})$ 的值
  B. 计算 $p(y^{<t>})$ 的值
  C. 计算 $p(y^{<t>} | y^{<1>}, y^{<2>}, \cdots, y^{<t-1>})$ 的值
  D. 计算 $p(y^{<t>} | y^{<1>}, y^{<2>}, \ldots, y^{<t>})$ 的值

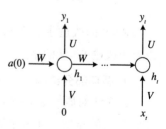

图 17-7　RNN 模型

2. 判断题

（1）RNN 中隐含层用于递归的向量 $h(t)$，常被认为能够记录之前所有输入的"信息"。（　　）

（2）相比于文本信息，RNN 更加适用于图像处理。（　　）

（3）RNN 属于监督式机器学习方法。（　　）

3. 填空题

（1）在 RNN 的时间序列中，递归中用到的向量 $h(t)$，其参数部分在每次递归中利用_____运算进行更新。

（2）RNN 是在_____神经网络的基础上提出的。

4. 编程题

编程利用 LSTM 网络模型进行简单的真实数据预测。要求：这里我们提供一个问题背景供读者参考，即使用 air passenger 航空公司前 n 个月的乘客量数据来预测后一个月的乘客量。（提示：从这个地址中 https://github.com/wcwoffice/lstm_data 下载名为 international-airline-passengers.csv 的数据，里面数据对 1949～1960 年 1～12 月的乘客量进行了统计。）

课后习题答案

第1章

1. 选择题

（1）A　（2）C

2. 填空题

（1）监督学习、半监督学习、无监督学习

（2）多领域交叉学科，涉及概率论、算法复杂度理论

3. 判断题 √

第2章

1. 选择题

（1）B　（2）D　（3）A

2. 填空题

（1）NumPy　　　　　　　　　（2）NumPy、SciPy、Pandas、Matplotilb

（3）面向对象、直译式　　　　（4）Matplotlib

3. 判断题 √

第3章

1. 选择题

（1）AB　（2）C

2. 填空题

（1）4　（2）0.5　（3）$h_\theta(x) = \theta_0 + \theta_1 x = -1 + (0.5)(5) = 1.5$

3. 判断题

（1）√　（2）×　（3）√

4. 编程题

#!/usr/bin/python

```python
# -*- coding: utf-8 -*-

import matplotlib.pyplot as plt
import numpy as np
from sklearn import datasets, linear_model

# Load the diabetes dataset
diabetes = datasets.load_diabetes()

# Use only one feature
diabetes_X = diabetes.data[:, np.newaxis, 2]

# Split the data into training/testing sets
diabetes_X_train = diabetes_X[:-20]
diabetes_X_test = diabetes_X[-20:]

# Split the targets into training/testing sets
diabetes_y_train = diabetes.target[:-20]
diabetes_y_test = diabetes.target[-20:]

# Create linear regression object
regr = linear_model.LinearRegression()

# Train the model using the training sets
regr.fit(diabetes_X_train, diabetes_y_train)

# The coefficients
print('Coefficients: \n', regr.coef_)
# The mean square error
print("Residual sum of squares: %.2f"
      % np.mean((regr.predict(diabetes_X_test) - diabetes_y_test) ** 2))
# Explained variance score: 1 is perfect prediction
print('Variance score: %.2f' % regr.score(diabetes_X_test, diabetes_y_test))

# Plot outputs
plt.scatter(diabetes_X_test, diabetes_y_test, color='black')
plt.plot(diabetes_X_test, regr.predict(diabetes_X_test), color='blue',
         linewidth=3)

plt.xticks(())
plt.yticks(())
plt.show()
```

结果：Coefficients: [938.23786125]

Residual sum of squares: 2548.07
Variance score: 0.47

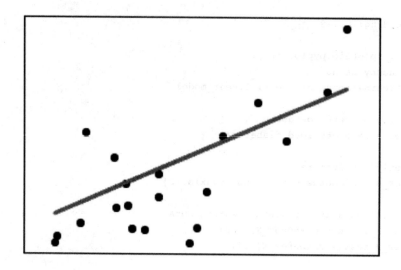

第4章

1. 选择题

（1）C （2）A （3）B

2. 填空题

（1）事件发生的概率

（2）sigmoid

（3）数据特征有缺失或者特征空间很大

3. 判断题

（1）× （2）√ （3）×

4. 编程题

```
# 导入Matploylib库
from matplotlib import pyplot as plt
from numpy import *
import matplotlib.ticker as ticker
import numpy as np
import scipy.optimize as opt

# 定义h(x)预测函数:theta为转置后的矩阵
def hypothesis(theta, x):
    return np.dot(x, theta)

# 定义sigmoid函数
def sigmoid(theta, x):
    z = hypothesis(theta, x)
    return 1.0 / (1 + exp(-z))

# 定义代价函数
```

```python
    def cost(theta, X, y):
        return np.mean(-y * np.log(sigmoid(theta, X)) - (1 - y) * np.log(1 - sigmoid(theta, X)))

    # 梯度下降函数
    def gradient(theta, X, y):
        return (1 / len(X)) * X.T @ (sigmoid(theta, X) - y)

    '''
    绘图：绘制训练数据的散点图和h(x)预测函数对应的直线
    '''
    def draw():
        # 定义x、y数据，x1、y1：未通过，x2、y2：通过
        x1 = []
        y1 = []
        x2 = []
        y2 = []

        # 导入训练数据
        train_data = open("Logistic_data.txt")
        lines = train_data.readlines()
        for line in lines:
            scores = line.split(", ")
            # 去除标记后面的换行符
            isQualified = scores[2].replace("\n", "")
            # 根据标记将两次成绩放到对应的数组
            if isQualified == "0":
                x1.append(float(scores[0]))
                y1.append(float(scores[1]))
            else:
                x2.append(float(scores[0]))
                y2.append(float(scores[1]))

        # 设置标题和横纵坐标的标注
        plt.xlabel("Exam 1 score")
        plt.ylabel("Exam 2 score")

        # 设置通过测试和不通过测试数据的样式。其中x、y为两次的成绩，marker：记号形状 color：颜色 s：点的大小 label：标注
        plt.scatter(x1, y1, marker='o', color='red', s=15, label='Not admitted')
        plt.scatter(x2, y2, marker='x', color='green', s=15, label='Admitted')

        # 标注[即上两行中的label]的显示位置：右上角
        plt.legend(loc='upper right')

        # 设置坐标轴上刻度的精度为一位小数。因训练数据中的分数的小数点太多，若不限制坐标轴上刻度显示的精度，影响最终散点图的美观度
        plt.gca().xaxis.set_major_formatter(ticker.FormatStrFormatter('%.1f'))
        plt.gca().yaxis.set_major_formatter(ticker.FormatStrFormatter('%.1f'))

        # 设置训练得到的模型对应的直线，即h(x)对应的直线
```

```python
    # 设置x的取值范围：[30, 110]步长为10
    x = np.arange(30, 110, 10)
    y = (-result.x[0] - result.x[1] * x) / result.x[2]
    plt.plot(x, y)

    # 显示
    plt.show()

'''
数据预先处理：将两次成绩与是否通过测试的标记分别生成矩阵，并将标记矩阵转置。
'''
def init_data():
    # 两次成绩对应的特征矩阵
    data = []
    # 标记对应的矩阵
    label = []

    # 读取文件
    train_data = open("Logistic_data.txt")
    lines = train_data.readlines()
    for line in lines:
        scores = line.split(", ")
        # 去除标记后面的换行符
        isQualified = scores[2].replace("\n", "")
        # 添加特征x0，设置为1
        data.append([1, float(scores[0]), float(scores[1])])
        label.append(int(isQualified))

    # 标记矩阵转置，返回特征矩阵和标记矩阵
    return np.array(data), np.array(label).transpose()

'''
主函数
'''
if __name__ == '__main__':
    # 初始化数据
    X, y = init_data()
    # 初始化theta：三行一列的0矩阵
    theta = np.zeros((3, 1))
    # 使用minimize函数求解
    result = opt.minimize(fun=cost, x0=theta, args=(X, y), method='Newton-CG', jac=gradient)
    print(result)
    # 绘图
    draw()
```

第 5 章

1. 选择题

(1) B (2) C

2. 简答题（略）

第6章

1. 选择题

（1）A （2）A （3）B （4）C

2. 编程题

```
from numpy import *

def loadDataSet(fileName, delim='\t'):
    fr = open(fileName)
    stringArr = [line.strip().split(delim) for line in fr.readlines()]
    datArr = [map(float, line) for line in stringArr]
    return mat(datArr)
#PCA算法
def pca(dataMat, topNfeat=9999999):
    meanVals = mean(dataMat, axis=0)
    meanRemoved = dataMat - meanVals #remove mean
    covMat = cov(meanRemoved, rowvar=0)
    eigVals, eigVects = linalg.eig(mat(covMat))
    eigValInd = argsort(eigVals) #sort, sort goes smallest to largest
    eigValInd = eigValInd[:-(topNfeat+1):-1]   #cut off unwanted dimensions
    redEigVects = eigVects[:, eigValInd]       #reorganize eig vects largest to smallest
    lowDDataMat = meanRemoved * redEigVects #transform data into new dimensions
    reconMat = (lowDDataMat * redEigVects.T) + meanVals
    return lowDDataMat, reconMat
# 将NaN替换成平均值的函数
def replaceNanWithMean():
    datMat = loadDataSet('secom.data', ' ')
    numFeat = shape(datMat)[1]
    for i in range(numFeat):
        meanVal = mean(datMat[nonzero(~isnan(datMat[:, i].A))[0], i]) #values that are not NaN (a number)
        datMat[nonzero(isnan(datMat[:, i].A))[0], i] = meanVal  #set NaN values to mean
    return datMat
```

第7章

1. 选择题

（1）C （2）D （3）A （4）B （5）B （6）D （7）D （8）B

第8章

1. 选择题

（1）B （2）C

2. 判断题

（1）×　（2）√　（3）×

3. 编程题

```
# -*-coding:utf-8 -*-
from sklearn import svm
x = [[2, 0], [1, 1], [2, 3]]
y = [0, 0, 1]
clf = svm.SVC(kernel = 'linear')
# kernel：核函数，默认是rbf，可以是'linear'、'poly'、'rbf'、#'sigmoid'、'precomputed'
clf.fit(x, y)
print(clf)
print(clf.support_vectors_) # 得到支持向量
print(clf.support_) # 得到支持向量的索引，[1 2] 这里的1指的是[1, 1]的索引，2指的是[2, 3]的索引
print(clf.n_support_)    # 得到每一类的支持向量的个数
```

程序运行结果如下：

```
[[1. 1.]
 [2. 3.]]
[1 2]
[1 1]
```

第 9 章

1. 选择题

（1）C　（2）A

2. 填空题

（1）并行，顺序　　　　（2）均匀，错误率

3. 判断题

（1）×

4. 编程题

```
#-*- coding: utf-8 -*-
import numpy as np
from sklearn.metrics import accuracy_score

# 加载数据集
def loadDataSet():
    dataSet = np.array([[3, 8, 8, 3, 6, 6, 2, 1, 9, 4, 5, 8, 4, 3, 2],
                        [8, 8, 3, 8, 3, 5, 2, 1, 5, 7, 4, 3, 2, 6, 1],
                        [5, 8, 3, 8, 4, 8, 9, 1, 2, 9, 7, 5, 4, 2, 1]]).astype("float32")
    label = np.array([-1, 1, -1, -1, -1, 1, -1, -1, -1, 1, 1, 1, -1, -1, -1])
    return dataSet, label

class DecisionStump:
```

```python
def __init__(self, X, y):
    self.X=np.array(X)
    self.y=np.array(y)
    self.N=self.X.shape[0]


def train(self, W, steps=100):    # 返回所有参数中阈值最小的
    '''
    W 长度为 N 的向量, 表示 N 个样本的权值
    threshold_value 为阈值
    threshold_pos 为第几个参数
    threshold_tag 为 1 或者 -1. 大于阈值则分为 threshold_tag, 小于阈值则相反
    '''
    min = float("inf")       # 将 min 初始化为无穷大
    print(min)
    threshold_value=0
    threshold_pos=0
    threshold_tag=0
    self.W=np.array(W)

    for i in range(self.N):   # value 表示阈值, errcnt 表示错误的数量
        value, errcnt = self.findmin(i, 1, steps)
        if (errcnt < min):
            min = errcnt
            threshold_value = value
            threshold_pos = i
            threshold_tag = 1
    for i in range(self.N):   # -1
        value, errcnt= self.findmin(i, -1, steps)
        if (errcnt < min):
            min = errcnt
            threshold_value = value
            threshold_pos = i
            threshold_tag = -1

    # 最终更新
    self.threshold_value=threshold_value
    self.threshold_pos=threshold_pos
    self.threshold_res=threshold_tag
    print(self.threshold_value, self.threshold_pos, self.threshold_res)
    return min

def findmin(self, i, tag, steps):    # 找出第 i 个参数的最小的阈值, tag 为 1 或 -1
    t = 0
    tmp = self.predintrain(self.X, i, t, tag).transpose()
    errcnt = np.sum((tmp!=self.y)*self.W)
    #print now
    buttom=np.min(self.X[i, :])    # 该项属性的最小值, 下界
    up=np.max(self.X[i, :])         # 该项属性的最大值, 上界
    minerr = float("inf")           # 将 minerr 初始化为无穷大
```

```python
                value=0                          #value 表示阈值
                st=(up-buttom)/steps             # 间隔
                for t in np.arange(buttom, up, st):
                    tmp = self.predintrain(self.X, i, t, tag).transpose()
                    errcnt = np.sum((tmp!=self.y)*self.W)
                    if errcnt < minerr:
                        minerr=errcnt
                        value=t
                return value, minerr

        def predintrain(self, test_set, i, t, tag):  # 训练时按照阈值为 t 时预测结果
            test_set=np.array(test_set).reshape(self.N, -1)
            pre_y = np.ones((np.array(test_set).shape[1], 1))
            pre_y[test_set[i, :]*tag<t*tag]=-1
            return pre_y

        def pred(self, test_X):    # 弱分类器的预测
            test_X=np.array(test_X).reshape(self.N, -1)  # 转换为 N 行 X 列，-1 懒得算
            pre_y = np.ones((np.array(test_X).shape[1], 1))
            pre_y[test_X[self.threshold_pos, :]*self.threshold_res<self.threshold_value*self.threshold_res]=-1
            return pre_y

    class AdaBoost:
        def __init__(self, X, y, Weaker=DecisionStump):
            self.X = np.array(X)
            self.y = np.array(y).flatten(1)
            self.Weaker = Weaker
            self.sums = np.zeros(self.y.shape)
            self.W = np.ones((self.X.shape[1], 1)).flatten(1) / self.X.shape[1]
            self.Q=0    # 弱分类器的实际个数
            print(self.W)
            # M 为弱分类器的最大数量，可以在 main 函数中修改

        def train(self, M=5):
            self.G={}            # 表示弱分类器的字典
            self.alpha={}        # 每个弱分类器的参数
            for i in range(M):
                self.G.setdefault(i)
                self.alpha.setdefault(i)

            for i in range(M):    # self.G[i] 为第 i 个弱分类器
                # print(self.W)
                self.G[i] = self.Weaker(self.X, self.y)
                e = self.G[i].train(self.W) #根据当前权值进行该个弱分类器训练

                self.alpha[i]=1.0/2*np.log((1-e)/e)  # 计算该分类器的系数
                res=self.G[i].pred(self.X)          #res 表示该分类器得出的输出
                # 计算当前次数训练精确度
                print "weak classfier acc", accuracy_score(self.y, res), "\n========================================================"
```

```python
        # Z 表示规范化因子
        Z=self.W*np.exp(-self.alpha[i]*self.y*res.transpose())
        self.W=(Z/Z.sum()).flatten(1)  # 更新权值
        self.Q=i

    def errorcnt(self, t):     # 返回错误分类的点
        self.sums=self.sums+self.G[t].pred(self.X).flatten(1)*self.alpha[t]

        pre_y=np.zeros(np.array(self.sums).shape)
        pre_y[self.sums>=0]=1
        pre_y[self.sums<0]=-1

        t=(pre_y!=self.y).sum()
        return t

    def pred(self, test_X):    # 测试最终的分类器
        test_X=np.array(test_X)
        sums=np.zeros(test_X.shape[1])
        for i in range(self.Q+1):
            sums=sums+self.G[i].pred(test_X).flatten(1)*self.alpha[i]
        pre_y=np.zeros(np.array(sums).shape)
        pre_y[sums>=0]=1
        pre_y[sums<0]=-1
        return pre_y


# 加载数据集
X, y = loadDataSet()
ada = AdaBoost(X, y)
ada.train(10)

y_pred = ada.pred(X)
print "total test", len(y_pred)
print "true pred", len(y_pred[y_pred == y])
print "acc", accuracy_score(y, y_pred)
```

第 10 章

1. 选择题

（1）B （2）D

2. 填空题

（1）条件概率

（2）LR、贝叶斯分类，单层感知机、线性回归、决策树、RF、GBDT、多层感知机

3. 判断题

×

4. 编程题

```
#coding:utf-8
from math import log
import operator

def read_dataset(filename):
    fr=open(filename, 'r')
    all_lines=fr.readlines()      #list 形式，每行为 1 个 str
    labels=['Age', 'Work', 'House', 'Debt']
    labelCounts={}
    dataset=[]
    for line in all_lines[0:]:
        line=line.strip().split(',')    # 以逗号为分割符拆分列表
        dataset.append(line)
    return dataset, labels

def read_testset(testfile):
    fr=open(testfile, 'r')
    all_lines=fr.readlines()
    testset=[]
    for line in all_lines[0:]:
        line=line.strip().split(',')    # 以逗号为分割符拆分列表
        testset.append(line)
    return testset

# 划分数据集
def splitdataset(dataset, axis, value):
    retdataset=[]# 创建返回的数据集列表
    for featVec in dataset:# 抽取符合划分特征的值
        if featVec[axis]==value:
            reducedfeatVec = featVec[:axis] # 去掉 axis 特征
            if axis != -1:
                reducedfeatVec.extend(featVec[axis+1:])# 将符合条件的特征添加到返回的数据集列表
            retdataset.append(reducedfeatVec)
    return retdataset

#CART 算法
def CART_chooseBestFeatureToSplit(dataset):
    numFeatures = len(dataset[0]) - 1
    bestGini = 999999.0
    bestFeature = -1
    for i in range(numFeatures):
        featList = [example[i] for example in dataset]
        uniqueVals = set(featList)
        gini = 0.0
        for value in uniqueVals:
            subdataset=splitdataset(dataset, i, value)
            p=len(subdataset)/float(len(dataset))
            subp = len(splitdataset(subdataset, -1, '0')) /
```

```python
                float(len(subdataset))
                gini += p * (1.0 - pow(subp, 2) - pow(1 - subp, 2))
            print("Gini coef of %dth feature: %.3f" % (i, gini))
            if (gini < bestGini):
                bestGini = gini
                bestFeature = i
        return bestFeature

    def majorityCnt(classList):
        '''
        数据集已经处理了所有属性，但是类标签依然不是唯一的，
        此时我们需要决定如何定义该叶子节点，在这种情况下，我们通常会采用多数表决的方法决定该叶子节点的分类
        '''
        classCont={}
        for vote in classList:
            if vote not in classCont.keys():
                classCont[vote]=0
            classCont[vote]+=1
        sortedClassCont=sorted(classCont.items(), key=operator.itemgetter(1), reverse=True)
        return sortedClassCont[0][0]

    def CART_createTree(dataset, labels):
        classList=[example[-1] for example in dataset]
        if classList.count(classList[0]) == len(classList):
            # 类别完全相同，停止划分
            return classList[0]
        if len(dataset[0]) == 1:
            # 遍历完所有特征时返回出现次数最多的
            return majorityCnt(classList)
        bestFeat = CART_chooseBestFeatureToSplit(dataset)
        #print(u"此时最优索引为："+str(bestFeat))
        bestFeatLabel = labels[bestFeat]
        print(u"此时最优索引为："+(bestFeatLabel))
        CARTTree = {bestFeatLabel:{}}
        del(labels[bestFeat])
        # 得到列表包括节点所有的属性值
        featValues = [example[bestFeat] for example in dataset]
        uniqueVals = set(featValues)
        for value in uniqueVals:
            subLabels = labels[:]
            CARTTree[bestFeatLabel][value] = CART_createTree(splitdataset(dataset, bestFeat, value), subLabels)
        return CARTTree

    def classify(inputTree, featLabels, testVec):
        """
        输入：决策树，分类标签，测试数据
```

```python
            输入：决策树，分类标签，测试数据集
            输出：决策结果
            描述：跑决策树
            """
            firstStr = list(inputTree.keys())[0]
            secondDict = inputTree[firstStr]
            featIndex = featLabels.index(firstStr)
            classLabel = '0'
            for key in secondDict.keys():
                if testVec[featIndex] == key:
                    if type(secondDict[key]).__name__ == 'dict':
                        classLabel = classify(secondDict[key], featLabels, testVec)
                    else:
                        classLabel = secondDict[key]
            return classLabel

    def classifytest(inputTree, featLabels, testDataSet):
            """
            输入：决策树，分类标签，测试数据集
            输出：决策结果
            描述：跑决策树
            """
            classLabelAll = []
            for testVec in testDataSet:
                classLabelAll.append(classify(inputTree, featLabels, testVec))
            return classLabelAll

    if __name__ == '__main__':
        filename='dataset.txt'
        testfile='testset.txt'
        dataset, labels = read_dataset(filename)

        print("Best feature indsex" + str(CART_chooseBestFeatureToSplit(dataset)))

        labels_tmp = labels[:] # 拷贝，createTree会改变labels
        CARTdesicionTree = CART_createTree(dataset, labels_tmp)
        print('CARTdesicionTree:\n', CARTdesicionTree)

        testSet = read_testset(testfile)
        print("Result on test dataset")
        print('CART_TestSet_classifyResult:\n', classifytest(CARTdesicionTree, labels, testSet))
```

第 11 章

1. 选择题

（1）A　（2）C　（3）B

2. 填空题

（1）期望最大化　（2）高斯概率密度函数　（3）保持相同固定不变的高斯模型个数 K

3. 判断题

(1) ×   (2) √   (3) √

4. 编程题

```python
import pandas as pd
import numpy as np
import matplotlib.pyplot as plt
from sklearn.decomposition import PCA
from sklearn.mixture import GaussianMixture
from sklearn.datasets.samples_generator import make_blobs
from sklearn.mixture import GaussianMixture

data = pd.read_csv ('GMM_data.csv', index_col='Date', parse_dates=True)
print(data)

data.columns =['West', 'East']
data ['Total'] =data['West']+data['East']
pivoted = data.pivot_table('Total', index=data.index.time, columns=data.index.date)
X = pivoted.fillna(0).T.values
X2 = PCA(2).fit_transform(X)
gmm =GaussianMixture(2)
gmm.fit(X)
X, y_true = make_blobs(n_samples=800, centers=4, random_state=11)
gmm = GaussianMixture(n_components=4).fit(X)
labels = gmm.predict(X)
rng = np.random.RandomState(13)
X_stretched = np.dot(X, rng.randn(2, 2))
gmm = GaussianMixture(n_components=4)
gmm.fit(X_stretched)
y_gmm = gmm.predict(X_stretched)
plt.scatter(X_stretched[:, 0], X_stretched[:, 1], c=y_gmm, s=50, cmap='viridis')
plt.show()
```

第 12 章

1. 选择题

(1) D   (2) C   (3) AD

2. 判断题

(1) ×   (2) ×   (3) √

3. 填空题

(1) 降低数据的预估方差   (2) Bagging   (3) 基尼系数

4. 编程题（答案仅供参考）

```python
import numpy as np
from sklearn.ensemble import RandomForestRegressor
```

```python
from sklearn.svm import SVR
import matplotlib.pyplot as plt

# #################
# 生成样本数据
X = np.sort(7 * np.random.rand(40, 1), axis=0)
y = np.sin(X).ravel() * 20
# #################
# 添加目标噪声
noise = 9 * (0.5 - np.random.rand(40))
y_noise = y + noise
# #################
# 模型匹配1
svr_rbf = SVR(kernel='rbf', C=10)
svr_lin = SVR(kernel='linear', C=10)
rf=RandomForestRegressor()
y_SVM_rbf = svr_rbf.fit(X, y_noise).predict(X)
y_SVM_lin = svr_lin.fit(X, y_noise).predict(X)
y_RF_rf = rf.fit(X, y_noise).predict(X)

# ###############
# 结果展示
lw = 2
plt.scatter(X, y_noise, color='b', label='Input data')
plt.plot(X, y_SVM_lin, color='c', lw=lw, label='SVM_Linear C=10')
plt.plot(X, y_RF_rf, color='r', lw=lw, label='RandomFrest_RF')
plt.xlabel('data')
plt.ylabel('target')
plt.title('Support Vector Regression')
plt.legend()
plt.show()
```

程序运行结果：

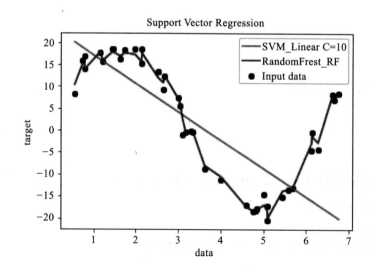

第13章

1. 选择题

（1）A （2）C （3）C

2. 填空题

（1）特征概率

（2）特征属性独立假设

（3）发现属性之间的依赖关系

3. 判断题

（1）√ （2）√ （3）√

4. 编程题

```
import re, collections
def words(text): return re.findall('[a-z]+', text.lower())
def train(features):
    model = collections.defaultdict(lambda: 1)
    for f in features:
        model[f] += 1
    return model
NWORDS = train(words(open('Bayes_data.txt').read()))
alphabet = 'abcdefghijklmnopqrstuvwxyz'
def edits1(word):
    n = len(word)
    return set([word[0:i]+word[i+1:] for i in range(n)] +
               [word[0:i]+word[i+1]+word[i]+word[i+2:] for i in range(n-1)] +
               [word[0:i]+c+word[i+1:] for i in range(n) for c in alphabet] +
               [word[0:i]+c+word[i:] for i in range(n+1) for c in alphabet])
def known_edits2(word):
    return set(e2 for e1 in edits1(word) for e2 in edits1(e1) if e2 in NWORDS)
def known(words): return set(w for w in words if w in NWORDS)
def correct(word):
    candidates = known([word]) or known(edits1(word)) or known_edits2(word) or [word]
    return max(candidates, key=lambda w: NWORDS[w])
print(correct('knon'))
```

第14章

1. 选择题

（1）D （2）D （3）A

2. 填空题

（1）$O(TN^2)$

（2）具有有限状态的马尔可夫链，用来描述状态的转移、描述每个状态和观察值之间的

统计对应关系

3.判断题

（1）× （2）×

第 15 章

1.选择题

（1）A （2）C

2.填空题

（1）前馈网络，反馈网络，离散型，连续型，有监督，无监督

（2）向前传播，向后传播

3.判断题

×

第 16 章

1.选择题

（1）C （2）D （3）B

2.填空题

（1）均值（平均）池化、最大池化

3.简答题

AlexNet；VGGNet；GoogleNet 或 ResNet 等

4.编程题

```
#coding=utf-8
from __future__ import print_function

from tensorflow.examples.tutorials.mnist import input_data
mnist = input_data.read_data_sets('MNIST_data', one_hot=True)

import tensorflow as tf
# 定义网络超参数
learning_rate = 0.001
training_iters = 200000
batch_size = 64
display_step = 20

# 定义网络参数
n_input = 784 # 输入的维度
n_classes = 10 # 标签的维度
dropout = 0.8 # Dropout 的概率

# 占位符输入
```

```python
    x = tf.placeholder(tf.float32, [None, n_input])
    y = tf.placeholder(tf.float32, [None, n_classes])
    keep_prob = tf.placeholder(tf.float32)

    # 卷积操作
    def conv2d(name, l_input, w, b):
        return tf.nn.relu(tf.nn.bias_add(tf.nn.conv2d(l_input, w, strides=[1, 1, 1, 1], padding='SAME'), b), name=name)

    # 最大下采样操作
    def max_pool(name, l_input, k):
        return tf.nn.max_pool(l_input, ksize=[1, k, k, 1], strides=[1, k, k, 1], padding='SAME', name=name)

    # 归一化操作
    def norm(name, l_input, lsize=4):
        return tf.nn.lrn(l_input, lsize, bias=1.0, alpha=0.001 / 9.0, beta=0.75, name=name)

    # 定义整个网络
    def alex_net(_X, _weights, _biases, _dropout):
        # 向量转为矩阵
        _X = tf.reshape(_X, shape=[-1, 28, 28, 1])

        # 卷积层
        conv1 = conv2d('conv1', _X, _weights['wc1'], _biases['bc1'])
        # 下采样层
        pool1 = max_pool('pool1', conv1, k=2)
        # 归一化层
        norm1 = norm('norm1', pool1, lsize=4)
        # Dropout
        norm1 = tf.nn.dropout(norm1, _dropout)

        # 卷积
        conv2 = conv2d('conv2', norm1, _weights['wc2'], _biases['bc2'])
        # 下采样
        pool2 = max_pool('pool2', conv2, k=2)
        # 归一化
        norm2 = norm('norm2', pool2, lsize=4)
        # Dropout
        norm2 = tf.nn.dropout(norm2, _dropout)

        # 卷积
        conv3 = conv2d('conv3', norm2, _weights['wc3'], _biases['bc3'])
        # 下采样
        pool3 = max_pool('pool3', conv3, k=2)
        # 归一化
        norm3 = norm('norm3', pool3, lsize=4)
        # Dropout
        norm3 = tf.nn.dropout(norm3, _dropout)
```

```python
    # 全连接层，先把特征图转为向量
    dense1 = tf.reshape(norm3, [-1, _weights['wd1'].get_shape().as_list()[0]])
    dense1 = tf.nn.relu(tf.matmul(dense1, _weights['wd1']) + _biases['bd1'], name='fc1')
    # 全连接层
    dense2 = tf.nn.relu(tf.matmul(dense1, _weights['wd2']) + _biases['bd2'], name='fc2') # Relu activation

    # 网络输出层
    out = tf.matmul(dense2, _weights['out']) + _biases['out']
    return out

# 存储所有的网络参数
weights = {
    'wc1': tf.Variable(tf.random_normal([3, 3, 1, 64])),
    'wc2': tf.Variable(tf.random_normal([3, 3, 64, 128])),
    'wc3': tf.Variable(tf.random_normal([3, 3, 128, 256])),
    'wd1': tf.Variable(tf.random_normal([4*4*256, 1024])),
    'wd2': tf.Variable(tf.random_normal([1024, 1024])),
    'out': tf.Variable(tf.random_normal([1024, 10]))
}
biases = {
    'bc1': tf.Variable(tf.random_normal([64])),
    'bc2': tf.Variable(tf.random_normal([128])),
    'bc3': tf.Variable(tf.random_normal([256])),
    'bd1': tf.Variable(tf.random_normal([1024])),
    'bd2': tf.Variable(tf.random_normal([1024])),
    'out': tf.Variable(tf.random_normal([n_classes]))
}

# 构建模型
pred = alex_net(x, weights, biases, keep_prob)

# 定义损失函数和学习步骤
cost = tf.reduce_mean(tf.nn.softmax_cross_entropy_with_logits(logits = pred, labels = y))
optimizer = tf.train.AdamOptimizer(learning_rate=learning_rate).minimize(cost)

# 测试网络
correct_pred = tf.equal(tf.argmax(pred, 1), tf.argmax(y, 1))
accuracy = tf.reduce_mean(tf.cast(correct_pred, tf.float32))

# 初始化所有的共享变量
init = tf.initialize_all_variables()

# 开启一个训练
with tf.Session() as sess:
    sess.run(init)
    step = 1
    # Keep training until reach max iterations
```

```
            while step * batch_size < training_iters:
                batch_xs, batch_ys = mnist.train.next_batch(batch_size)
                # 获取批数据
                sess.run(optimizer, feed_dict={x: batch_xs, y: batch_ys, keep_prob: dropout})
                if step % display_step == 0:
                    # 计算精度
                    acc = sess.run(accuracy, feed_dict={x: batch_xs, y: batch_ys, keep_prob: 1.})
                    # 计算损失值
                    loss = sess.run(cost, feed_dict={x: batch_xs, y: batch_ys, keep_prob: 1.})
                    print ("Iter " + str(step*batch_size) + ", Minibatch Loss= " + "{:.6f}".format(loss) + ", Training Accuracy = " + "{:.5f}".format(acc))
                step += 1
            print ("Optimization Finished!")
            # 计算测试精度
            print("Testing Accuracy:", sess.run(accuracy, feed_dict={x: mnist.test.images[:256], y: mnist.test.labels[:256], keep_prob: 1.}))
```

第 17 章

1. 选择题

（1）D　（2）B　（3）C

2. 判断题

（1）×　（2）×　（3）√

3. 填空题

（1）加法与乘法（或内积）　　　（2）前馈型

4. 编程题（答案仅供参考）

```
import pandas as pd
import numpy as np
import matplotlib.pyplot as plt
from sklearn.preprocessing import MinMaxScaler
from keras.models import Sequential
from keras.layers import LSTM, Dense, Activation
# 模型创建方法
def create_model():
    model = Sequential()
    # 输入数据的 shape 为 (n_samples, timestamps, features)
    # 隐藏层设置为 256, input_shape 元组第二个参数 1 意指 features 为 1
    # 下面还有个 lstm, 故 return_sequences 设置为 True
    model.add(LSTM(units=256, input_shape=(None, 1), return_sequences=True))
    model.add(LSTM(units=256))
    # 后接全连接层，直接输出单个值，故 units 为 1
    model.add(Dense(units=1))
```

```python
        model.add(Activation('linear'))
        model.compile(loss='mse', optimizer='adam')
    return model
    # 数据归一化
    df = pd.read_csv('international-airline-passengers.csv', usecols=['passengers'])
    scaler_minmax = MinMaxScaler()
    data = scaler_minmax.fit_transform(df)
    infer_seq_length = 10# 用于推断的历史序列长度
    d = []
    for i in range(data.shape[0]-infer_seq_length):
        d.append(data[i:i+infer_seq_length+1].tolist())
    d = np.array(d)
    split_rate = 0.9
    X_train, y_train = d[:int(d.shape[0]*split_rate), :-1], d[:int(d.shape[0]*split_rate), -1]
    # 创建模型
    model =create_model()
    model.fit(X_train, y_train, batch_size=20, epochs=100, validation_split=0.1)
    # 结果展示（对给定数据一年内的乘客量按月份进行预测）
    plt.plot()
    plt.plot(scaler_minmax.inverse_transform(d[int(len(d)*split_rate):, -1]), label='true data')
    plt.plot(scaler_minmax.inverse_transform(model.predict(d[int(len(d)*split_rate):, :-1])), 'r:', label='predict')
    plt.legend()
```

程序运行结果：

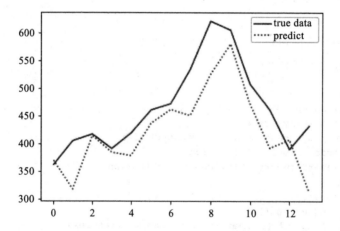

参 考 文 献

[1] 常郭珍，赵仁乾，张秋剑. Python 技术科学：技术详解与商业实践 [M]. 北京：机械工业出版社，2018.

[2] Wes McKinney. 利用 Python 进行数据分析 [M]. 徐敬一，译. 2 版. 北京：机械工业出版社，2018.

[3] 李航. 统计学习方法 [M]. 北京：清华大学出版社，2012.

[4] 周志华. 机器学习 [M]. 北京：清华大学出版社，2016.

[5] 潘文婵，刘尚东. BP 神经网络的优化研究与应用 [J/OL]. 计算机技术与发展，2019（5）：1-3[2019-01-22]. http://kns.cnki.net/kcms/detail/61.1450.TP.20181221.1445.004.html.

[6] 王日升，谢红薇，安建成. 基于分类精度和相关性的随机森林算法改进 [J]. 科学技术与工程，2017，17（20）：67-72.

[7] 杨金宝，梁勇，曹现宪. 一种基于灰色理论–隐马尔科夫模型的装备故障预测方法 [J]. 舰船电子工程，2018，38（8）：128-132，145.

[8] 袁里驰. 基于改进的隐马尔科夫模型的语音识别方法 [J]. 中南大学学报（自然科学版），2008，39（6）.

[9] 何敏，彭岚倩，刘宏立，等. 基于改进隐马尔科夫模型的鲁棒用户行为识别 [J]. 湖南大学学报（自然科学版），2018，（2）：127-132.

[10] 孙彩云，王昕. 一种改进的线性回归模型 [J]. 华北科技学院学报，2009，6（1）：80-83.

推荐阅读